JN070220

スバラシク得点できると評判の

2025年度版

快速！解答

共通テスト

数学II・B・C Part 1

馬場敬之（けいし）

マセマ出版社

◆ はじめに ◆

みなさん，こんにちは。マセマの**馬場敬之（ばばけいし）**です。これから**「2025年度版 快速！解答 共通テスト 数学II·B·C Part1」**の講義を始めます。

共通テストは国公立大の2次試験や私立大の試験と違って，特殊な要素を沢山持っているので，**“何を”**，**“どのくらい”**，**“どのように”**勉強したらいいのか悩んでいる人が多いと思う。

また，**2022**年度の共通テスト数学**II·B**は大幅に難化して平均点が**40**点台と異常に低くなるような場合もあるので，不安に感じている人も多いと思う。

しかし，このような状況下でも平均点よりも高い得点を取れれば志望校への合格の道が開けるわけだから，それ程心配する必要はないんだね。要は正しい方法でシッカリ対策を立て，それに従って学習していけばいいだけだからだ。

それでは共通テスト数学**II·B·C**の特徴をまず下に列挙して示そう。

(1) マーク式の試験なので，結果だけが要求される。
(2) 制限時間が60分の短時間の試験である。
(3) 問題の難度は，各設問の前半は易しいが，最後の方の問題では2次試験レベルのものや，計算がかなり大変なものも出題される。
(4) 誘導形式の問題が多く，一般にいずれも問題文が冗長で長い。

このように限られた短い時間しか与えられていないにも関わらず**冗長な長文問題**として出題され，さらに，花子や太郎という謎のキャラクターまで登場して冗長度に拍車（はくしゃ）がかけられており，しかも，各設問の最後の方は計算量も多く，難度も2次試験レベルのものが出題されていたりするので，受験生は時間を消耗して思うように実力が出せず，低い得点しか取れなかった人も多かったと思う。

このように**奇妙な特徴**をもつ共通テストだけれど，これを確実に攻略していくための**2**つのポイントを次に示そう。

(ポイント1) まず，各設問毎に設定した**時間を必ず守って**解くことだね。与えられた時間内で，長文の問題であれば，冗長な部分は読み飛ばして**問題の本質**をつかみ，できるだけ問題を解き進めて深掘りし，できなかったところは最後は勘でもいいから解答欄を埋めることだ。そして，時間になると**頭をサッと切り替えて**次の問題に移り，同様のことを繰り返せばいいんだね。

ここで，決してやってはいけないことは，後半の解きづらい問題や計算の繁雑な問題にこだわって時間を消耗してしまうことだ。**5**分や**6**分の時間のロスが致命傷になるので「**必ず易しい問題や自分の解き得る問題をすべて解く**」ということを心がけよう。このやり方を守れば，自分の実力通りの結果を得ることができるはずだ。

(ポイント2) では次に，実力をどのように付けるか？そのために，この「**2025年度版 快速！解答 共通テスト 数学II・B・C Part1**」があるんだね。これで，共通テストの標準的な問題を与えられた制限時間内で必ず解けるようになるまで反復練習しよう。

以上**2**つのポイントで，共通テストでも平均点以上の得点を得られるはずだ。しかし，難化している共通テストをさらに高得点で乗り切るために次の参考書と問題集で練習しておくことを勧める。

・「**元気が出る数学II**」，「**元気が出る数学B**」，「**元気に伸びる数学II・B問題集**」
(これは，**2**次試験の易しい受験問題用の参考書と問題集だけれど，共通テストでも得点力アップが図れるはずだ。)

・「**合格！数学II・B**」，「**合格！数学II・B実力UP！問題集**」
(これは，**2**次試験の本格的な受験問題用の参考書と問題集だけれど，共通テストの最後の高難度の問題を解くためにも役に立つはずだ。)

共通テストは本当に受験生にとって，やりづらい試験であるけれど，皆さんがこれを高得点で，そして笑顔で乗り切れることをマセマ一同，いつも心より祈っている！

マセマ代表　馬場 敬之(けいし)

この**2025**年度版では，補充問題として，図形の最大・最小の応用問題を加えました。

この本で学習した後は，実践的な練習として，実際の共通テストの**5**年分の過去問を，マセマ流に分かり易く解説した「トライアル 共通テスト 数学II・B(・C)過去問題集」で勉強することができます。これは，マセマ**HP**の**EC**サイトから**E**ブック(電子書籍)としてまず先行発売致します。

◆ 目次 ◆

講義1　方程式・式と証明（数学II）

講義2　図形と方程式（数学II）

講義3　三角関数（数学II）

講義４　指数・対数関数（数学Ⅱ）

指数・対数関数は他分野との融合に注意しよう！

講義５　微分法・積分法（数学Ⅱ）

微積分法では，グラフと面積公式を活用しよう！

最後まで
あきらめるナ!
セーフ!

方程式・式と証明

因数定理など、重要公式をマスターしよう!

▶整式の除法（因数定理、剰余の定理）

▶分数式の計算（相加・相乗平均の不等式）

▶ 2 次方程式（解と係数の関係）

▶高次方程式（3 次方程式の解と係数の関係）

講義1 方程式・式と証明

さァ，これから，共通テスト数学**II**･**B**･**C**の講義を始めよう。最初に扱うテーマは，“**方程式・式と証明**”だよ。これは共通テスト数学**II**･**B**･**C**の必答問題の中で，三角関数や指数関数・対数関数，および微分法・積分法などとの融合問題として出題される可能性があるので，シッカリ練習しておこう。

センター試験の過去問でも，これまで“**整式の除法**”や“**高次方程式**”などかなり考えさせる問題も出題されてきた。ここでは，これから共通テストが狙ってきそうなテーマを中心に詳しく勉強していくことにしよう。

それでは“**方程式・式と証明**”の中で，これから出題が予想される頻出分野をまず示しておこう。

・整式の除法 (因数定理・剰余の定理)

・分数式の計算 (相加・相乗平均の不等式)

・**2** 次方程式 (解と係数の関係)

・高次方程式 (**3** 次方程式の解と係数の関係)

共通テスト数学**II**･**B**･**C**は，同じ制限時間で，同数学**I**・**A**よりも問題のレベルが上がり，さらに計算力も要求される。だから，これからの講義を大変に感じるかも知れないね。でも，各演習問題の解答&解説をよく読んで，自力で正確に，かつ迅速に解く訓練を繰り返し行えば，実力を大幅にアップできるんだよ。この講義では，今後共通テストで出題されると予想される問題で，なおかつキミ達が反復練習すればする程，実力が定着する良問ばかりを扱うつもりだ。だから，みんな，頑張ろうな！

さァ，それではまず，最初の第**1**歩を踏み出してみよう！

● まず，整式の除法から始めよう！

"**整式の除法**"(せいしき じょほう) の問題は，これから共通テストが出題してくるかもしれない分野だ。次の問題は整数問題とも絡めているので，結構初めからレベルが高いかも知れないけれど，是非チャレンジしてみてくれ。

演習問題 1	制限時間 10 分	難易度 ☆☆	CHECK1	CHECK2	CHECK3

(1) $x=2+\sqrt{3}$ のとき，$x^2-4x=$ アイ であり，

このとき，$A=x^4-8x^3+14x^2+9x-1$ の値は，

$A=$ ウ $+\sqrt{\text{エ}}$ である。

(2) x の整式 $x^3+4ax^2+(4-b)x+c$ を $x^2+2ax+2a$ で割ったときの余りは，

(オ $-b-$ カ $a-$ キ $a^2)x+c-$ ク a^2

である。この余りが $-2x+7$ になるような整数 a，b，c のうち，

b が正となるものは $a=$ ケ ，$b=$ コ ，$c=$ サ ，および

$a=$ シス ，$b=$ セ ，$c=$ ソタ である。

ヒント！ (1) $x=2+\sqrt{3}$ を変形して，$x^2-4x+1=0$ ともち込み，A をこの x^2-4x+1 で割ると，結果が見えてくるはずだ。(2) まず，整式同士の割り算は，実際に計算して，余りを求めればいいんだね。そして，この余りが $-2x+7$ になることから，係数比較をして，2つの方程式が出てくる。ところが，未知数は a，b，c と3個あるんだね。でも，これらが整数ということから，解けてしまうんだね。ポイントは，$b>0$ から範囲を絞ることだよ。

解答＆解説

(1) $x=2+\sqrt{3}$ のとき，

$x-2=\sqrt{3}$ この両辺を 2 乗して，

$(x-2)^2=3$ $x^2-4x+4=3$

$\therefore x^2-4x+1=0$ …①

$\therefore x^2-4x=-1$ ……………………(答) (アイ)

ココがポイント

⇦ 無理数の $\sqrt{3}$ を分離して両辺を 2 乗してまとめれば，$x=2+\sqrt{3}$ を解にもつ x の 2 次方程式を作れる！

Baba のレクチャー

整式の除法

整式 $f(x)$ を整式 $g(x)$ で割って，商が $Q(x)$，余りが $r(x)$ のとき，こ

x の 1 次式，2 次式，3 次式，…のこと。

れをまとめて次のように書ける。

$$f(x)=g(x)\cdot \underline{Q(x)}+\underline{r(x)}$$

商　余り

余り $r(x)$ の次数は，$g(x)$ の次数より小さい！

17 を 5 で割って，
商 3，余り 2 より，
$17=5\times 3+2$
商　余り
と書けるのと同じだ。

よって，今回，$x=2+\sqrt{3}$ のとき，A の値を求めるのに $x=2+\sqrt{3}$ を

直接 $A=x^4-8x^3+14x^2+9x-1$ に代入してもいいのだけれど，

$x=2+\sqrt{3}$ のとき，$x^2-4x+1=0$ …①が分かっているので，A を①

の左辺で割って，商 $Q(x)$，余り $r(x)$ を求めて，

$A=(\underline{x^2-4x+1})\cdot Q(x)+r(x)$ の形にすると，
（$x^2-4x+1=0$）

x の 1 次式

$x^2-4x+1=0$ より，$A=r(x)$ と簡単になるね。

よって，これに $x=2+\sqrt{3}$ を代入すれば計算が早くできる！

$x=2+\sqrt{3}$ は，方程式

$x^2-4x+1=0$ …①の解だから，

整式：$A=x^4-8x^3+14x^2+9x-1$

を，①の左辺$=x^2-4x+1$ で割ると，

右のように，

商 $Q(x)=x^2-4x-3$，

余り $r(x)=x+2$

商 $Q(x)$

$$\begin{array}{r}
x^2-4x-3\\
x^2-4x+1\,\big)\,x^4-8x^3+14x^2+\ 9x-1\\
x^4-4x^3+x^2\\
\hline
-4x^3+13x^2+\ 9x-1\\
-4x^3+16x^2-\ 4x\\
\hline
-\ 3x^2+13x-1\\
-\ 3x^2+12x-3\\
\hline
x+2
\end{array}$$

余り $r(x)$

となるのはいいね。

よって，$x=2+\sqrt{3}$ のとき，

$$A=\underbrace{(x^2-4x+1)}_{0\ (①より)}\cdot\underbrace{(x^2-4x-3)}_{商}+\underbrace{x+2}_{余り(1次式)}=\underset{2+\sqrt{3}}{x}+2$$

となる。

⇦ $17=5\times\underset{商}{3}+\underset{余り}{2}$ と同じだね。

∴ $x=2+\sqrt{3}$ のとき，A の値は

$A=\underbrace{2+\sqrt{3}}_{x}+2=4+\sqrt{3}$ となる。…(答)（ウ，エ）

(2) まず，$x^3+4ax^2+(4-b)x+c$ を

$x^2+2ax+2a$ で割った余りは，

右のように，実際に割り算の計算を行って求めるんだね。

その結果，余りは，x の 1 次式で，次のようになる。

$$\begin{array}{r} x+2a \quad (商\ Q(x)) \\ x^2+2ax+2a\,\big)\,\overline{x^3+4ax^2+\quad(4-b)x+c} \\ x^3+2ax^2+\qquad 2ax\qquad \\ \hline 2ax^2+(4-b-2a)x+c \\ 2ax^2+\qquad 4a^2x+4a^2 \\ \hline (4-b-2a-4a^2)x+c-4a^2 \end{array}$$

余り（1 次式）

余り：$(\underbrace{4-b-2a-4a^2}_{-2})x+\underbrace{c-4a^2}_{7}$ ………(答)（オ，カ，キ，ク）

次に，この余りが $-2x+7$ になるとき，各係数を比較して，

$$\begin{cases} 4-b-2a-4a^2=-2 \\ c-4a^2=7 \end{cases}$$ これをまとめて，

$$\begin{cases} b=-4a^2-2a+6 & \cdots② \\ c=4a^2+7 & \cdots\cdots\cdots\cdots③ \end{cases}$$ となる。

⇦ 未知数 a，b，c の 3 つに対して，方程式は②，③の 2 つしかない。典型的な整数問題だ！

ここで，a，b，c は整数で，かつ $b>0$ だから，

②より，

$$-4a^2-2a+6=b>0$$

よって，a の 2 次不等式となるから，整数 a の値の範囲が押さえられるんだね。

⇦ $\begin{cases}(\text{i})\ A\cdot B=n\ 型\\(\text{ii})\ 範囲を押さえる型\end{cases}$ のうち (ii) の型だった！

$-4a^2-2a+6>0$　この両辺を -2 で割って，

$2a^2+a-3<0$　　$(2a+3)(a-1)<0$

2 ╲╱ 3
1 ╱╲ -1

$\therefore -\frac{3}{2}<a<1$ より，$a=-1$，0 の 2 つの値しかとり得ないのが分かった。後は，

⇦ $-\frac{3}{2}$　$\boxed{-1}$　$\boxed{0}$　1　a
整数 a

(ⅰ) $a=0$ のとき，と (ⅱ) $a=-1$ の 2 つに分けて考えよう。

(ⅰ) $a=0$ のとき，

②より，$b=6$　　③より，$c=7$

⇦ $b=-4a^2-2a+6$ …②
$c=4a^2+7$ …③

以上より，$a=0$，$b=6$，$c=7$ …………(答)
(ケ，コ，サ)

(ⅱ) $a=-1$ のとき，

②より，$b=-4\cdot(-1)^2-2\cdot(-1)+6$

⇦ $b=-4a^2-2a+6$ …②

$\therefore b=4$

③より，$c=4\cdot(-1)^2+7$　$\therefore c=11$

⇦ $c=4a^2+7$ …③

以上より，$a=-1$，$b=4$，$c=11$ ……(答)
(シス，セ，ソタ)

どうだった？　“**整式の除法**”の問題と思っていたら，いきなり“**整数問題**”が出てきたので，ビックリしたって？　でも，この **(2)** の問題も，過去問だったんだよ。共通テストではこのレベルの問題は普通に出題されるから，スラスラと解けるようになるまで練習しておこう。

“**整数問題**”の解法にまだ自信をもてない人は，マセマの「快速！解答 共通テスト数学Ⅰ・A」でもう１度復習しておくことだ。数学に本当に強くなりたかったら，過去に習った内容を忘れずに，いつでも使える状態にしておくことなんだ。そのために，反復練習が欠かせないんだよ。頑張ろうな！

次も整式の除法の問題だけど，ここでは“**因数定理**”と“**組立て除法**”がメインテーマになる。今の内にこれらの定理や計算法にも習熟しておこう。

演習問題 2	制限時間 10 分	難易度 ★★	CHECK1	CHECK2	CHECK3

$P(x)=ax^4+(b-a)x^3+(1-2ab)x^2+(ab-10)x+2ab$ とする。

(1) $P(x)$ が $x-2$ で割り切れるならば，

$a=$ [ア] または $b=$ [イ] である。

(2) $P(x)$ が $x+2$ で割り切れるならば，

$a=$ [ウエ] または $b=$ [オ] である。

(3) $P(x)$ が x^2-4 で割り切れるならば，

$a=$ [カ]，$b=$ [キ] …①

または $a=$ [クケ]，$b=$ [コ] …② である。

①のとき，$P(x)=(x^2-4)(x-$ [サ] $)($ [シ] $x+$ [ス] $)$ であり，

②のとき，$P(x)=(x^2-4)($ [セ] x^2+ [ソ] $x+$ [タ] $)$ である。

ヒント！ (1)，(2) では因数定理を使えばいいね。すなわち，$P(x)$ が $x-2$ で割り切れるならば $P(2)=0$ となるし，$P(x)$ が $x+2$ で割り切れるならば $P(-2)=0$ となる。(3) では，$P(x)$ が $x^2-4=(x+2)(x-2)$ で割り切れるときの問題だけれど，この場合，$P(x)$ は $x-2$ で割り切れ，かつ $x+2$ でも割り切れるということなんだね。

解答＆解説

整式 $P(x)=ax^4+(b-a)x^3+(1-2ab)x^2+(ab-10)x+2ab$ について，

(1) $P(x)$ が $x-2$ で割り切れるとき，

$$P(2)=\boxed{a\cdot 2^4+(b-a)\cdot 2^3+(1-2ab)\cdot 2^2+(ab-10)\cdot 2+2ab=0}$$

となる。

ココがポイント

⇦ 因数定理：
整式 $P(x)$ が $x-a$ で割り切れるとき，$P(a)=0$ となる。

Baba のレクチャー

剰余の定理と因数定理をマスターしよう！

（i）剰余の定理

整式 $f(x)$ を $x-a$ で割った余りは，$f(a)$ である。

整式 $f(x)$ を x の 1 次式 $x-a$ で割ったとき，商が $Q(x)$ で，余りが r になったとするよ。これをまとめると，次のようになる。

x の 1 次式で割ると，余りは一般に 0 次式（定数）になる！

$$f(x)=\underbrace{(x-a)}_{1\text{次式}}\underbrace{Q(x)}_{\text{商}}+\underbrace{r}_{\text{余り}(0\text{次式})}\cdots㋐$$

ここで，㋐は x の恒等式（左・右両辺が全く同じ式）なので，x にどんな値を代入しても成り立つ。よって，x に a を代入すると，

$f(a)=\underbrace{(a-a)}_{0}Q(a)+r=r$，つまり余り r は，$r=f(a)$ となる。この剰余の定理の特殊な場合が，次の因数定理なんだ。

（ii）因数定理

整式 $f(x)$ が $x-a$ で割り切れるとき，$f(a)=0$ である。

$f(x)$ が，$x-a$ で割り切れるとき，㋐の余り $r=f(a)=0$ だね。

(ex) この因数定理と“**組立て除法**”を併用してみよう。

$f(x)=2x^3+3x^2-x+2$ について，

$x=-2$ を代入すると

$f(-2)=2\cdot(-2)^3+3\cdot(-2)^2-(-2)+2$

$=-16+12+2+2=0$　となるので，因数定理より，

整式 $f(x)$ は，$x+2$ で割り切れる。

つまり，

$f(x)=(x+2)\cdot\underbrace{Q(x)}_{\text{商}}$ ← 余りは 0 なので，$f(x)$ は $(x+2)$ を因数にもつ形に因数分解できる。　となる。

ここで，この商 $Q(x)$ は，もちろん $f(x)$ を $x+2$ で割っても求まるが，右に示すような"**組立て除法**"を使うと，よりスピーディに求まる。

まず，$f(x)=2\cdot x^3+3\cdot x^2-1\cdot x+2$ の各係数を，横1列に並べる。次に，割る整式 $x+2$ を $x+2=x-(-2)$ と見て，-2 を立てて，組立て除法(Ⅰ)の要領で最後まで計算すると，組立て除法(Ⅱ)のようになる。この結果，2 −1 1 より，$f(x)$ を $x+2$ で割った商 $Q(x)$ が，$Q(x)=2x^2-x+1$ であることが分かる。そして，最後の(0)で $f(x)$ を $x+2$ で割った余りが 0 であることも分かる。どう？ 要領はつかめた？

組立て除法(Ⅰ)

	2	3	−1	2
−2)	↓	−4	2	
	(2)	(−1)		

(i) 最初の2はそのまま下ろす。
(ii) この2に−2をかけて上げる。
(iii) 3と−4をたして下ろす。
(iv) この−1に−2をかけて上げる。

組立て除法(Ⅱ)

	2	3	−1	2
−2)	↓	−4	2	−2
	2	−1	1	(0)

商 $Q(x)=2x^2-1\cdot x+1$　余り

$P(2)=0$ より，

$16a+8(b-a)+4(1-2ab)+2(ab-10)+2ab=0$

$-4ab+8a+8b-16=0$ → 両辺を−4で割って

$ab-2a-2b+4=0$

$a(b-2)-2(b-2)=0$

$(a-2)(b-2)=0$

$\therefore a=2$ または $b=2$ となる。……(答)(ア，イ)

⇦ $P(x)$ が $x-2$ で割り切れるとき，因数定理より $P(2)=0$ となる。

⇦ 共通因数 $(b-2)$ をくくり出した。

(2) $P(x)$ が，$x+2$ で割り切れるとき，

$P(-2)=\boxed{a\cdot(-2)^4+(b-a)\cdot(-2)^3+(1-2ab)\cdot(-2)^2+(ab-10)\cdot(-2)+2ab=0}$

$16a-8(b-a)+4(1-2ab)-2(ab-10)+2ab=0$

⇦ $P(x)$ が $x-(-2)$ で割り切れるとき，因数定理より $P(-2)=0$ となる。

$-8ab+24a-8b+24=0$ → 両辺を -8 で割って

$ab-3a+b-3=0$

$a(b-3)+(b-3)=0$

$(a+1)(b-3)=0$

⇦ 共通因数 $(b-3)$ をくくり出した。

$\therefore a=-1$ または $b=3$ …………(答)（ウエ，オ）

(3) (1) より $P(x)$ が $x-2$ で割り切れるとき，

$a=2$ または $b=2$　となり，

(2) より $P(x)$ が $x+2$ で割り切れるとき，

$a=-1$ または $b=3$　となるんだった。

よって，$P(x)$ が x^2-4 $\big((x-2)(x+2)\big)$ で割り切れる，すなわち $x-2$ で割り切れ，かつ $x+2$ でも割り切れるための条件は，

(i) $a=2$ かつ $b=3$ …① ………………(答)（カ，キ）

$P(x)$ は $x-2$ で割り切れ　$x+2$ でも割り切れる。

または

(ii) $a=-1$ かつ $b=2$ …② となる。…(答)（クケ，コ）

$P(x)$ は $x+2$ で割り切れ　$x-2$ でも割り切れる。

$P(x)=ax^4+(b-a)x^3+(1-2ab)x^2+(ab-10)x+2ab$

より，

(i) $a=2$ かつ $b=3$ …①のとき，

$$P(x)=2x^4+x^3-11x^2-4x+12$$

$$=(x-2)(x+2)(2x^2+1\cdot x-3)$$

$\begin{matrix}1 & & -1\\ 2 & & 3\end{matrix}$

$$=(x^2-4)(x-1)(2x+3)$$

となる。…………(答)（サ，シ，ス）

組立て除法（二連発）

	2	1	−11	−4	12
2)	↓	4	10	−2	−12
	2	5	−1	−6	(0)
−2)	↓	−4	−2	6	
	2	1	−3	(0)	

$P(x)$ は，$x-2$ で割り切れ，かつ $x-(-2)$ でも割り切れるので，組立て除法を 2 回連続して使った！

(ⅱ) $a=-1$ かつ $b=2$ …②のとき，

$$P(x)=-x^4+3x^3+5x^2-12x-4$$
$$=(x-2)(x+2)(-x^2+3x+1)$$
$$=(x^2-4)(-x^2+3x+1)$$

……(答)（セ，ソ，タ）

組立て除法（二連発）

	-1	3	5	-12	-4
$2)$	↓	-2	2	14	4
	-1	1	7	2	(0)
$-2)$	↓	2	-6	-2	
	-1	3	1	(0)	

$P(x)$ は，$x-2$ で割り切れ，かつ $x-(-2)$ でも割り切れるので，組立て除法を 2 回連続して使った！

どうだった？ 面白かった？ 因数定理，組立て除法もこれで十分に練習することができるはずだから，よく反復練習しておこう！

でも何といってもこの問題の 1 番のポイントは，

(1) $P(x)$ が，$x-2$ で割り切れるとき，$a=2$ または $b=2$

(2) $P(x)$ が，$x+2$ で割り切れるとき，$a=-1$ または $b=3$ の結果から，

$P(x)$ が x^2-4 で割り切れるとき，

(ⅰ) $a=2$ かつ $b=3$

または

(ⅱ) $a=-1$ かつ $b=2$ を導き出すことだったんだね。

“かつ”と“または”の関係をうまく使いこなすための良い練習問題でもあったんだね。納得いった？

● 分数式と相加・相乗平均の問題も押さえておこう！

それでは次，"**分数式**"と"**相加・相乗平均の不等式**"の融合問題にチャレンジしてみよう。導入形式の問題になっているので，この導入にうまく乗れるかどうかがポイントになるんだね。

演習問題 3	制限時間 8 分	難易度 ☆☆	CHECK1	CHECK2	CHECK3

$x>0$，$y>0$ のとき，$P=\dfrac{x^2+6xy+9y^2}{2xy+2y^2}$ …①の最小値とそのときの x と y の関係式を，次の手順に従って求めよう。

$y \neq$ [ア] より，①の右辺の分子・分母を $y^{[イ]}$ で割ると，

$$P=\frac{\left(\frac{x}{y}\right)^{[ウ]}+6\cdot\frac{x}{y}+[エ]}{2\cdot\frac{x}{y}+2}$$ となる。

ここで，$\dfrac{x}{y}=t$ とおくと，$t>$ [オ] で，

$$P=\frac{t^{[ウ]}+6t+[エ]}{2t+2}$$

$$=\frac{t+1}{[カ]}+\frac{[キ]}{t+1}+[ク]$$ となる。

よって，$t=$ [ケ] のとき，P は最小値 [コ] をとる。

また，このとき x と y の関係式は，$x=$ [サ] $y+$ [シ] である。

ヒント！ $\dfrac{x}{y}=t$ とおいて，P を t の分数式にし，この分子を分母で割ることによって，相加・相乗平均の不等式が使える形にもち込めばいいんだね。導入にシッカリ乗って，解いていこう！

解答&解説

$P=\dfrac{x^2+6xy+9y^2}{2xy+2y^2}$ …① $(x>0,\ y>0)$ について，

$y>0$，つまり $y\neq 0$ より，①の右辺の分子・分母を y^2 で割ると，……………………(答)(ア,イ)

$$P=\dfrac{\dfrac{x^2}{y^2}+\dfrac{6xy}{y^2}+\dfrac{9y^2}{y^2}}{\dfrac{2xy}{y^2}+\dfrac{2y^2}{y^2}}$$

$$=\dfrac{\left(\dfrac{x}{y}\right)^2+6\cdot\dfrac{x}{y}+9}{2\cdot\dfrac{x}{y}+2}$$ …② となる。…(答)(ウ，エ)

ここで，$\dfrac{x}{y}=t$ とおくと，$x>0$，$y>0$ より，

$t>0$ となる。……………………(答)(オ)

このとき②は，

$$P=\dfrac{t^2+6t+9}{2t+2}$$

$$=\dfrac{1}{2}\cdot\dfrac{t^2+6t+9}{t+1}$$

$$=\dfrac{1}{2}\left(t+5+\dfrac{4}{t+1}\right)$$

t^2+6t+9 を $t+1$ で割ると，商 $t+5$，余り 4 となるので

$$\dfrac{t^2+6t+9}{t+1}=\dfrac{(t+1)(t+5)+4}{t+1}=t+5+\dfrac{4}{t+1}$$ となる。

（商 $t+5$，余り 4）

ココがポイント

$$
\begin{array}{r}
t+5 \\
t+1\,\big)\,\overline{t^2+6t+9} \\
\underline{t^2+\ t\quad} \\
5t+9 \\
\underline{5t+5} \\
4
\end{array}
$$

商：$t+5$　余り：4

よって，

$$P=\frac{1}{2}\left(t+5+\frac{4}{t+1}\right)=\frac{t+\boxed{5}}{2}+\frac{2}{t+1}$$

(1+4)

$$=\frac{t+1}{2}+\frac{2}{t+1}+2$$ となる。……(答)（カ，キ，ク）

⇦ $\frac{t+5}{2}=\frac{t+1+4}{2}=\frac{t+1}{2}+2$ と変形するのがコツだ。

ここで，$t>0$ より，$A=\frac{t+1}{2}$ とおくと，$A>0$

⇦ $t+1>0$ より，$\frac{t+1}{2}=A$，$\frac{2}{t+1}=\frac{1}{A}$ とおくと，相加・相乗平均の不等式 $A+\frac{1}{A}\geqq 2\cdot\sqrt{A\cdot\frac{1}{A}}$ が使える形になっている！（等号成立条件：$A=\frac{1}{A}$）

$\therefore P=A+\frac{1}{A}+2$ に対して相加・相乗平均の不等式を用いると，

$$P=A+\frac{1}{A}+2\geqq 2\cdot\sqrt{A\cdot\frac{1}{A}}+2=\boxed{4}$$

（P の最小値）

相加・相乗平均の不等式
$A+\frac{1}{A}\geqq 2\cdot\sqrt{A\cdot\frac{1}{A}}$ の両辺に同じ 2 をたしても
大小関係に変化はないね！

等号成立条件は，

$A=\frac{1}{A}$ より，$A^2=1$　　$\left(\frac{t+1}{2}\right)^2=1$

$(t+1)^2=4$　　$t+1=2$　$(\because t+1>0)$

$\therefore t=1$ のとき，P は最小値 4 をとる。…(答)（ケ，コ）

$t=\boxed{\frac{x}{y}=1}$ より，このときの x と y の関係式は

$x=1\cdot y+0$ だね。…………………………(答)（サ，シ）

⇦ $x=y$ のこと

どうだった？ “**分数計算**” と “**相加・相乗平均の不等式**” の関係がよくつかめただろう？ これも共通テストで出題されるかもしれない良問だから，よく練習しておこう！

● 2次方程式の解と係数の関係も重要だ！

次の問題は"**整式の除法**"と"**2次方程式の解と係数の関係**"が組み合わされた問題だ。難度は高くないので，是非制限時間内で答えられるよう，チャレンジしてくれ。

演習問題 4	制限時間 8 分	難易度	CHECK1	CHECK2	CHECK3

a, b を実数とし，

x の整式 $A=x^4+(a^2-a-1)x^2+(-a^2+b)x+b^3$,

$B=x^2-x-a$ を考える。

A を B で割った商を Q，余りを R とすると，$Q=x^2+x+a^{\boxed{ア}}$,

$R=(a+b)x+a^{\boxed{イ}}+b^{\boxed{ウ}}$ である。

(1) $R=x+7$ のとき，$a=\boxed{エ}$ または $a=\boxed{オカ}$ である。

(2) A が B で割り切れるための必要十分条件は，

$a+b=\boxed{キ}$ である。

ヒント！ 今回"剰余の定理"や"因数定理"は使えない。これらが使えるのは割る整式が $x-a$ のように x の1次式のときだけなんだね。

解答＆解説

整式 $A=x^4+(a^2-a-1)x^2+(-a^2+b)x+b^3$ を整式 $B=x^2-x-a$ で割って右のように，商 Q と余り R を求めると，

$$\begin{cases} 商\ Q=x^2+x+a^2 & \cdots\cdots(答)\ (ア) \\ 余り\ R=(a+b)x+a^3+b^3 & \cdots(答)\ (イ,\ ウ) \end{cases}$$

となるんだね。

ココがポイント

$$\begin{array}{r} 商Q \\ x^2+\quad x+a^2 \\ x^2-x-a\ \overline{)\ x^4+0\cdot x^3+(a^2-a-1)x^2+(-a^2+b)x+b^3} \\ x^4-\quad x^3-\qquad\qquad ax^2\qquad\qquad\qquad \\ \hline x^3+\ (a^2-1)x^2+(-a^2+b)x+b^3 \\ x^3-\qquad\quad x^2-\qquad\qquad ax\qquad \\ \hline a^2x^2+(-a^2+a+b)x+b^3 \\ a^2x^2-\qquad\quad a^2x-a^3 \\ \hline (a+b)x+a^3+b^3 \\ 余りR \end{array}$$

Baba のレクチャー

(Ⅰ) 2 次方程式の解と係数の関係

2 次方程式 $ax^2+bx+c=0$ $(a \neq 0)$ が解 $\alpha,\ \beta$ をもつとき,

次の解と係数の関係が成り立つ。　$\alpha,\ \beta$ は虚数解でもかまわない。

(ⅰ) $\alpha+\beta=-\dfrac{b}{a}$,　　(ⅱ) $\alpha\beta=\dfrac{c}{a}$

⊖が付く!

(Ⅱ) 解と係数の関係の逆利用

$\alpha+\beta=p$, $\alpha\cdot\beta=q$ のとき,　$\alpha+\beta$ と $\alpha\beta$ は基本対称式だね。

α と β を解にもつ, x^2 の係数が 1 の 2 次方程式は,

$x^2-px+q=0$ となる。

$\because\ x^2-(\alpha+\beta)x+\alpha\beta=0$ より, $(x-\alpha)(x-\beta)=0$ となって,
ナルホド, $x=\alpha$ と β を解にもつからだ。

(1) この余り $R=(a+b)x+a^3+b^3$ が,

$R=\ 1\ \cdot x+\ 7$ のとき,

$\begin{cases} a+b=1 & \cdots① \\ a^3+b^3=7 & \cdots② \end{cases}$ となる。　← 基本対称式　← 対称式

⇦①, ②からもう 1 つの基本対称式 ab の値も求めよう。

②より

$(a+b)^3-3ab(a+b)=7$

[$a+b$ は 1 (①より)；$(a+b)^3=a^3+3a^2b+3ab^2+b^3$]

$1^3-3\cdot ab\cdot 1=7$ (①より)

$3ab=-6$　$\therefore\ ab=-2$ $\cdots③$

$\begin{cases} a+b=1 & \cdots① \\ ab=-2 & \cdots③ \end{cases}$ より,

a と b を解にもつ t の2次方程式は，

$t^2-1\cdot t-2=0$ となる。よって，

$(t-2)(t+1)=0$　　$\therefore t=2$ または -1

これから，$(a,\ b)=(2,\ -1)$ または $(-1,\ 2)$ が導ける。いずれにせよ，$a=2$ または -1 だね。

$\therefore a=2$ または $a=-1$ である。…(答)（エ，オカ）

⇦解と係数の関係の逆の利用：
a，b は，t の2次方程式 $t^2-(a+b)t+ab=0$ の解になる。

(2) A が B で割り切れるための必要十分条件は，

余り $R=\underbrace{(a+b)}_{0}x+\underbrace{a^3+b^3}_{0}=0$ だね。

よって，A が B で割り切れるための必要十分条件は，$a+b=0$ である。……………(答)（キ）

⇦$R=0$ のとき，
$A=B\cdot Q$ となって
A は B で割り切れる。

・$a+b=0$ ならば，$R=\underbrace{(a+b)}_{0}x+\underbrace{\overbrace{(a+b)}^{0}(a^2-ab+b^2)}_{a^3+b^3}$

$=0\cdot x+0=0$ となる。

逆に，

・$R=(a+b)x+(a+b)(a^2-ab+b^2)=0$ ならば，
$a+b=0$ かつ $(a+b)(a^2-ab+b^2)=0$ より，
$a+b=0$ となるからだ。

別解

(1) では $a+b=1$ …①から，$b=1-a$ …①′として，これを②に代入し，

$a^3+\underbrace{(1-a)^3}_{1-3a+3a^2-a^3}=7$　　$\cancel{a^3}+1-3a+3a^2-\cancel{a^3}=7$

$3a^2-3a-6=0$　　$a^2-a-2=0$　　$(a-2)(a+1)=0$

$\therefore a=2$ または -1 と解いても，もちろんいいよ。

● 2次方程式と3次方程式の融合問題に挑戦だ！

次の問題は"**2次方程式の解と係数の問題**"と"**3次方程式の解法**"の融合問題だよ。3次方程式の解は"**因数定理**"と"**組立て除法**"を使って求めるんだね。

演習問題 5	制限時間 8 分	難易度 ★★	CHECK1	CHECK2	CHECK3

2次方程式 $x^2+ax+b=0$ の解を α，β とする。

このとき，α^2，β^2 を解とする2次方程式は

$x^2+(\boxed{ア}b-a^{\boxed{イ}})x+b^{\boxed{ウ}}=0$ …① である。

また，α^3，β^3 を解とする2次方程式は

$x^2+(a^{\boxed{エ}}-\boxed{オ}ab)x+b^{\boxed{カ}}=0$ …② である。

$b \neq 0$ の場合に，①と②が同じ方程式となるのは $b=\boxed{キ}$ で，

$a=\boxed{クケ}$ または $a=\dfrac{\boxed{コ}\pm\sqrt{\boxed{サ}}}{\boxed{シ}}$ のときである。

ヒント！ α^2 と β^2 を解にもつ，x^2 の係数が1の2次方程式は，解と係数の逆の関係を使って，$x^2-(\alpha^2+\beta^2)x+\alpha^2\beta^2=0$ となるんだね。同様に，α^3 と β^3 を解にもつ，x^2 の係数が1の2次方程式は，$x^2-(\alpha^3+\beta^3)x+\alpha^3\beta^3=0$ となるんだね。後は，対称式を基本対称式で表していけばいいよ。

解答＆解説

ココがポイント

$1\cdot x^2+ax+b=0$ の解が α，β のとき，解と係数の関係より，

$$\begin{cases} \alpha+\beta=-a & \cdots ㋐ \\ \alpha\beta=b & \cdots\cdots\cdots ㋑ \end{cases}$$ となる。

（$\alpha+\beta$ と $\alpha\beta$ は基本対称式）

⇦ $\begin{cases} \alpha+\beta=-\dfrac{a}{1} \\ \alpha\beta=\dfrac{b}{1} \end{cases}$ だね。

(Ⅰ) ここで，α^2 と β^2 を解にもつ，x^2 の係数が 1 の 2 次方程式は，

$x^2-(\alpha^2+\beta^2)x+\alpha^2\beta^2=0$ …㋒ となる。 ⇦解と係数の逆の関係

対称式

ここで，

(ⅰ) $\alpha^2+\beta^2=(\alpha+\beta)^2-2\alpha\beta$

$-a$ (㋐より)　b (㋑より)

$=(-a)^2-2b$ (㋐，㋑より)

$=a^2-2b$ …㋓

⇦対称式 $\alpha^2+\beta^2$ は基本対称式 $\alpha+\beta$ と $\alpha\beta$ で表される。

(ⅱ) $\alpha^2\beta^2=(\alpha\beta)^2=b^2$ …㋔ (㋑より) となる。

b (㋑より)

⇦対称式 $\alpha^2\beta^2$ は基本対称式 $\alpha\beta$ で表される。

以上 (ⅰ)(ⅱ) より，㋓，㋔を㋒に代入して

$x^2-(a^2-2b)x+b^2=0$

$\therefore x^2+(2b-a^2)x+b^2=0$ …① となる。…(答)

(ア，イ，ウ)

(Ⅱ) 同様に，α^3 と β^3 を解にもつ x^2 の係数が 1 の 2 次方程式は

$x^2-(\alpha^3+\beta^3)x+\alpha^3\beta^3=0$ …㋕ ⇦解と係数の逆の関係

対称式

ここで，

(ⅰ) $\alpha^3+\beta^3=(\alpha+\beta)^3-3\alpha\beta\cdot(\alpha+\beta)$

$-a$ (㋐より)　b (㋑より)　$-a$ (㋐より)

$=(-a)^3-3b\cdot(-a)$

$=-a^3+3ab$ …㋖

⇦対称式 $\alpha^3+\beta^3$ は基本対称式 $\alpha+\beta$ と $\alpha\beta$ で表される。

(ⅱ) $\alpha^3\beta^3=(\alpha\beta)^3=b^3$ …㋗ となる。

b (㋑より)

⇦対称式 $\alpha^3\beta^3$ は基本対称式 $\alpha\beta$ で表される。

以上(i)(ii)より，㋖，㋗を㋕に代入して

$$x^2-(-a^3+3ab)x+b^3=0$$

$\therefore\ x^2+(a^3-3ab)x+b^3=0$ …②　となる。

……(答)（エ，オ，カ）

ここで，$b\neq0$ のとき，2つの2次方程式

$$\begin{cases} x^2+(2b-a^2)x+b^2=0 & \cdots① \\ x^2+(a^3-3ab)x+b^3=0 & \cdots② \end{cases}$$ が

同じ方程式となるための条件は，

$$\begin{cases} 2b-a^2=a^3-3ab & \cdots③ \\ b^2=b^3 & \cdots④ \end{cases}$$

今回は，①，②の x^2 の係数が1で等しいので結局 x の係数同士，定数項同士が等しくならなければならない。

④より，$b^3-b^2=0$　　$b^2(b-1)=0$（$b^2\neq0$）

ここで，$b\neq0$ より，$b^2\neq0$

$\therefore\ b-1=0$ より，$b=1$ となる。………(答)（キ）

これを③に代入して，

$$2-a^2=a^3-3a$$

$a^3+a^2-3a-2=0$ …⑤　となる。

⑤に $a=-2$ を代入すると，
$(-2)^3+(-2)^2-3\cdot(-2)-2=-8+4+6-2=0$
となるので，⑤の左辺は $a-(-2)=a+2$ で割り切れる。

⇦一般に2つの2次方程式
$ax^2+bx+c=0$
と
$a'x^2+b'x+c'=0$
が同じ方程式になるための条件は，
$\dfrac{a}{a'}=\dfrac{b}{b'}=\dfrac{c}{c'}$
だね。
今回は $a=a'=1$ より，
$b=b'$，$c=c'$
となったんだ。

⇦ a の3次方程式

⇦因数定理

⑤を変形して，

$(a+2)(a^2-a-1)=0$ となる。

組立て除法

	1	1	−3	−2
−2)	↓	−2	2	2
	1	−1	−1	(0)

商 $1\cdot a^2-1\cdot a-1$　余り

$\therefore a=-2$ または

$a^2-a-1=0$ …⑥

⑥を解いて，$a=\dfrac{1\pm\sqrt{(-1)^2-4\cdot1\cdot(-1)}}{2}$

$=\dfrac{1\pm\sqrt{5}}{2}$

⇦ $ax^2+bx+c=0\ (a\neq0)$ の解 $x=\dfrac{-b\pm\sqrt{b^2-4ac}}{2a}$

以上より，求める a の値は，

$a=-2$ または $a=\dfrac{1\pm\sqrt{5}}{2}$ となる。…………(答)

(クケ，コ，サ，シ)

さまざまな要素が含まれているけれど，これを制限時間 8 分以内で解けるように，シッカリ反復練習しておこう。最初は大変そうに思えるかも知れないけれど，解法パターンが決まっている頻出典型問題だから，繰り返し練習することにより，流れるようにスムーズに解けるようになるんだね。頑張ろう！

● 3次方程式・4次方程式も解いてみよう！

いよいよ "**方程式・式と証明**" の最終問題だ。ここで，"**3次方程式の解と係数の関係**" も押さえておこう。さらに4次方程式の問題も解いてみよう。

演習問題 6	制限時間8分	難易度 ★★	CHECK 1	CHECK 2	CHECK 3

(1) 2つの複素数 $\alpha = -\frac{1}{2} + \frac{\sqrt{3}}{2}i$ と $\beta = -\frac{1}{2} - \frac{\sqrt{3}}{2}i$ および1を解にもつ x の3次方程式は，$x^3 - \boxed{ア}x^2 + \boxed{イ}x - \boxed{ウ} = 0$ である。

また，$\alpha^{10} = \frac{\boxed{エオ}}{2} + \frac{\sqrt{\boxed{カ}}}{2}i$ である。(ただし，$i = \sqrt{-1}$ である)

(2) a，b を実数とする。4次方程式 $x^4 - x^3 + 2x^2 + ax + b = 0$ が $1+2i$ を解にもつとき，$a = \boxed{キ}$，$b = \boxed{クケ}$ である。

(ただし，$i = \sqrt{-1}$ である)

ヒント！ (1) 3次方程式の解と係数の関係の問題だね。また，$\alpha^3 = 1$ から $\alpha^{10} = \alpha$ となる。(2) 実数係数の4次方程式なので，$1+2i$ が解ならば，その共役複素数 $1-2i$ も解になるんだよ。

Babaのレクチャー

3次方程式の解と係数の関係

3次方程式 $ax^3 + bx^2 + cx + d = 0$ $(a \neq 0)$ が解 α，β，γ をもつとき，次の解と係数の関係が成り立つ。

(α，β，γ は虚数解でもかまわない。)

(i) $\alpha + \beta + \gamma = -\frac{b}{a}$，　(ii) $\alpha\beta + \beta\gamma + \gamma\alpha = \frac{c}{a}$，　(iii) $\alpha\beta\gamma = -\frac{d}{a}$

(⊖が付く！)　(⊖が付く！)

解答＆解説

(1) α, β, γ を解にもつ x の3次方程式で，x^3 の係数が1のものは，

$(x-\alpha)(x-\beta)(x-\gamma)=0$ だね。

これを展開すると，

$$x^3-(\alpha+\beta+\gamma)x^2+(\alpha\beta+\beta\gamma+\gamma\alpha)x-\alpha\beta\gamma=0 \quad \cdots\cdots ①$$

ここで，$\alpha=-\frac{1}{2}+\frac{\sqrt{3}}{2}i$, $\beta=-\frac{1}{2}-\frac{\sqrt{3}}{2}i$, $\gamma=1$

だから，

(ⅰ) $\alpha+\beta+\gamma=\left(-\frac{1}{2}+\frac{\sqrt{3}}{2}i\right)+\left(-\frac{1}{2}-\frac{\sqrt{3}}{2}i\right)+1=0$

(ⅱ) $\alpha\beta+\beta\gamma+\gamma\alpha$

$$=\left(-\frac{1}{2}+\frac{\sqrt{3}}{2}i\right)\left(-\frac{1}{2}-\frac{\sqrt{3}}{2}i\right)+\left(-\frac{1}{2}-\frac{\sqrt{3}}{2}i\right)\cdot 1+1\cdot\left(-\frac{1}{2}+\frac{\sqrt{3}}{2}i\right)$$

$$=\frac{1}{4}+\frac{3}{4}-\frac{1}{2}-\frac{\sqrt{3}}{2}i-\frac{1}{2}+\frac{\sqrt{3}}{2}i=0$$

(ⅲ) $\alpha\beta\gamma=\left(-\frac{1}{2}+\frac{\sqrt{3}}{2}i\right)\left(-\frac{1}{2}-\frac{\sqrt{3}}{2}i\right)\cdot 1$

$$=\left(\frac{1}{4}+\frac{3}{4}\right)\cdot 1=1$$

以上(ⅰ)(ⅱ)(ⅲ)を①に代入して，

$x^3-0\cdot x^2+0\cdot x-1=0$ ……(答) (ア，イ，ウ)

$\therefore\ x^3=1$ ……②だ。

ココがポイント

⇦ $\left(-\frac{1}{2}+\frac{\sqrt{3}}{2}i\right)\left(-\frac{1}{2}-\frac{\sqrt{3}}{2}i\right)$

$=\left(-\frac{1}{2}\right)^2-\left(\frac{\sqrt{3}}{2}i\right)^2$

$=\frac{1}{4}-\frac{3}{4}(-1)$ (i^2)

$=\frac{1}{4}+\frac{3}{4}$ だ。

α は②の解より，$\alpha^3 = 1$

⇦この素朴さも大切！

よって，$\alpha^{10} = (\alpha^3)^3\alpha = 1^3 \cdot \alpha = \alpha = \dfrac{-1}{2} + \dfrac{\sqrt{3}}{2}i$

となる。……………………………(答)（エオ，カ）

(2) 4 次方程式

$x^4 - x^3 + 2x^2 + ax + b = 0$ (a, b：実数）……③

は，解 $\alpha = 1 + 2i$ をもつので，その共役複素数を β とおくと，$\beta = 1 - 2i$ も解にもつ。

⇦$p + qi$ (p, q：実数）の共役複素数は $p - qi$ だ！

このことは，4 次方程式だけに限らない。一般に実数係数の n 次方程式 ($n = 2, 3, 4, \cdots$) は，虚数解 $p + qi$ (p, q：実数）をもてば，その共役複素数 $p - qi$ も解にもつんだよ。

よって，③は

$(x - \alpha)(x - \beta)(x^2 + cx + d) = 0$

$(x-\alpha)(x-\beta) = x^2 - (\alpha + \beta)x + \alpha\beta$

と変形できるはずだ。

⇦$x = \alpha = 1 + 2i$
$x = \beta = 1 - 2i$
を解にもつ，x の 4 次方程式だ。

ここで，$\alpha = 1 + 2i$，$\beta = 1 - 2i$ より

$$\begin{cases} \alpha + \beta = 1 + 2i + 1 - 2i = 2 \\ \alpha\beta = (1 + 2i)(1 - 2i) = 1^2 - (2i)^2 \\ \qquad = 1 - 4 \cdot i^2 = 1 + 4 = 5 \quad (i^2 = -1) \end{cases}$$

よって，③の左辺は

$(x - \alpha)(x - \beta) = x^2 - (\alpha + \beta)x + \alpha\beta$ （$\alpha+\beta = 2$，$\alpha\beta = 5$）

$= x^2 - 2x + 5$ で割り切れる。

実際に，$x^4 - x^3 + 2x^2 + ax + b$ を $x^2 - 2x + 5$ で割ってみると，

⇦整式の除法の問題になった。

右の計算から，商が x^2+x-1，

余りが $(a-7)x+b+5$ となる。

ここで，$x^4-x^3+2x^2+ax+b$ は

x^2-2x+5 で割り切れるので，

余りは 0 である。

よって，

$(a-7)x+b+5=0$ より，　← x の恒等式

（$a-7=0$，$b+5=0$）

$a-7=0$ かつ $b+5=0$

$\therefore\ a=7$，$b=-5$ である。………(答)（キ，クケ）

$$
\begin{array}{r}
x^2+x-1 \quad (\text{商}) \\
x^2-2x+5\ \big)\ x^4-x^3+2x^2+ax+b \\
x^4-2x^3+5x^2 \\
\hline
x^3-3x^2+ax+b \\
x^3-2x^2+5x \\
\hline
-x^2+(a-5)x+b \\
-x^2+2x-5 \\
\hline
(a-7)x+b+5 \quad (\text{余り})
\end{array}
$$

今回の問題は複素数の計算の問題でもあったんだね。また(2)と同様に，(1)の3次方程式 $x^3-1=0$ も実数係数の方程式なので，$-\frac{1}{2}+\frac{\sqrt{3}}{2}i$ とその共役複素数 $-\frac{1}{2}-\frac{\sqrt{3}}{2}i$ を解にもっていることも，当然注意しておいてくれ。

以上で，“**方程式・式と証明**”のテーマの講義も終了だよ。この後，さらに重要なテーマが目白押しなので，1つ1つ確実にマスターしていってくれ。この着実な努力が共通テスト数学II・B・Cを高得点で乗り切る原動力になるんだよ。頑張ろうな！

講義1 ● 方程式・式と証明　公式エッセンス

1. 剰余の定理

整式 $f(x)$ について,

$f(a)=r \iff f(x)$ を $x-a$ で割った余りは r

2. 因数定理

整式 $f(x)$ について,　　　　余り $r=0$ の場合

$f(a)=0 \iff f(x)$ は $x-a$ で割り切れる。

3. 相加・相乗平均の不等式

$a \geqq 0$, $b \geqq 0$ のとき, $a+b \geqq 2\sqrt{ab}$　(等号成立条件：$a=b$)

4. 2次方程式の解の判別

2次方程式 $ax^2+bx+c=0$ は,

(i) $D>0$ のとき, 相異なる2実数解

(ii) $D=0$ のとき, 重解

(iii) $D<0$ のとき, 相異なる2虚数解

をもつ。(ここで, 判別式 $D=b^2-4ac$)

5. 2次方程式の解と係数の関係

2次方程式 $ax^2+bx+c=0$ の2解を α, β とおくと,

(i) $\alpha+\beta=-\dfrac{b}{a}$　　(ii) $\alpha\beta=\dfrac{c}{a}$

6. 解と係数の関係の逆利用

$\alpha+\beta=p$, $\alpha\beta=q$ のとき, α と β を2解にもつ x^2 の係数が1の2次方程式は, $x^2-\underset{(\alpha+\beta)}{p}x+\underset{\alpha\beta}{q}=0$

7. 3次方程式の解と係数の関係

3次方程式 $ax^3+bx^2+cx+d=0$ の3解が α, β, γ のとき,

(i) $\alpha+\beta+\gamma=-\dfrac{b}{a}$　(ii) $\alpha\beta+\beta\gamma+\gamma\alpha=\dfrac{c}{a}$　(iii) $\alpha\beta\gamma=-\dfrac{d}{a}$

図形と方程式

図形と方程式の主役は、円と直線と放物線だ!

- ▶放物線と直線の位置関係
- ▶円と直線の位置関係
- ▶ 2 つの円の位置関係
- ▶軌跡
- ▶領域、領域と最大・最小

講義2 図形と方程式

さァ，これから“**図形と方程式**”について解説しよう。“図形と方程式”も，共通テスト数学**II**・**B**・**C**の必答問題の**1**つで，これだけで独立に出題されることは少ないけれど，他の分野との融合形式で出題されることが多いと思う。

そして，数学**I**・**A**では，“**2**次関数”，“三角比”，“平面図形”が，また数学**II**・**B**・**C**では，この“図形と方程式”，“微分・積分”それと“ベクトル”が図形に関連したテーマなんだね。だから，共通テストは図形と絡めたテーマが目白押しの試験とも言えるんだよ。その意味でも，さまざまな図形問題を解く上で鍵となるこの“図形と方程式”を，シッカリマスターしておくことが大切なんだ。

それでは，共通テストでこれから出題が予想される“**図形と方程式**”の重要分野を下に書いておこう。

・放物線と直線の位置関係

・円と直線の位置関係

・**2**つの円の位置関係

・軌跡

・領域，領域と最大・最小

学ぶべきテーマが多すぎて大変そうだって？大丈夫だよ。これら**1**つ**1**つについて詳しく解説していくからね。“図形と方程式”の問題を解くときは，腕組みして考え込んでいてはダメだよ。問題文をよく読んだら，自分なりにヘタでもいいから図を描きながら考えること，これが上達のコツだ！

● 2点間の距離の公式を使いこなそう！

これから解く問題は，過去問をボクが改題したものだ。2点間の距離の公式を使うウォーミング・アップ問題だ。制限時間は短いけれど，頑張って時間内に解いてみてくれ！

演習問題 7	制限時間 4 分	難易度 ☆	CHECK1	CHECK2	CHECK3

座標平面上で，原点 O と点 A(4, 2) から等距離にある点 P の x 座標を t とすると，y 座標は [アイ] t＋ [ウ] である。∠OPA＝60° となるような t の値は，t＝ [エ] ±$\sqrt{[オ]}$ である。

ヒント！ まず，点 P を P(x, y) とおいて，条件：OP＝AP から点 P の軌跡の方程式を求めればいい。これが，線分 OA の垂直二等分線になることを知っている人は，その知識を使って解いてもいいよ。次に，∠OPA＝60° のとき，△OPA は正三角形になるんだね。

解答＆解説

原点 O(0, 0)，点 A(4, 2)，点 P(x, y) とおく。条件から，OP＝AP だね。よって，

$$\sqrt{x^2+y^2}=\sqrt{(x-4)^2+(y-2)^2}$$

この両辺を 2 乗して，

$$x^2+y^2=(x-4)^2+(y-2)^2$$

$$\cancel{x^2}+\cancel{y^2}=\cancel{x^2}-8x+16+\cancel{y^2}-4y+4$$

∴点 P(x, y) の軌跡の方程式は，

$y=-2x+5$ ……① だね。

（点 P の軌跡 ≡ x と y の関係式）

ここで，点 P の x 座標を t とおくと，①よりその y 座標は，$y=-2t+5$ だ。 ……(答)(アイ，ウ)

ココがポイント

⇦ 点 P の軌跡の問題では点 P(x, y) とおいて，x と y の関係式を求める。

⇦ 一般に 2 点 A(x_1, y_1)，B(x_2, y_2) 間の距離は，
AB＝$\sqrt{(x_1-x_2)^2+(y_1-y_2)^2}$
だね。

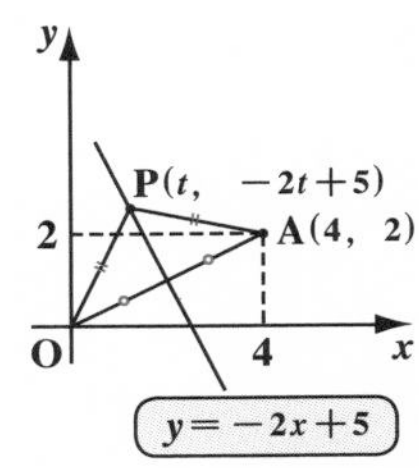

(これは，線分 OA の垂直二等分線だ！)

次に，$\angle$**OPA**$=60°$ のとき，$\triangle$**OPA** は **OP**$=$**AP** の二等辺三角形なので，その **2** つの底角は $\angle$**POA**$=\angle$**PAO**$=60°$ となるね。つまり，$\triangle$**OPA** は正三角形になるわけだ。

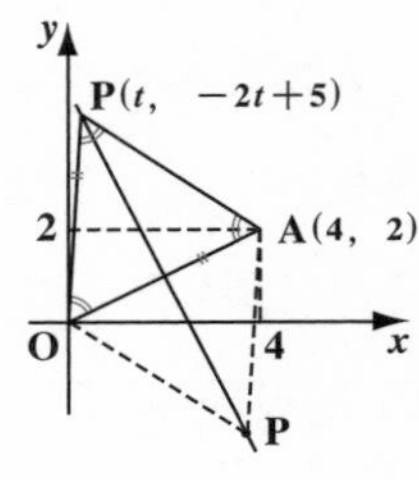

O(0, 0)，A(4, 2)，P(t**, −2**t**+5)** で，

$\mathbf{OP}=\mathbf{OA}$ より，$\mathbf{OP}^2=\mathbf{OA}^2$　よって，

$t^2+(-2t+5)^2=4^2+2^2$

$5t^2-20t+25=20,\ t^2-4t+1=0$

$\therefore\ t=2\pm\sqrt{3}$ ……………………………(答)(エ，オ)

となって答えだ！

⇦ $at^2+2b't+c=0$ $(a\neq0)$ の解は，$t=\dfrac{-b'\pm\sqrt{b'^2-ac}}{a}$

まずはこのウォーミング・アップ問題を制限時間内に解けただろうね。このように易しい問題でも，図のイメージがあると，目標が明確になって正確に早く結果を導き出すことができるんだね。

制限時間をオーバーした人も，また再チャレンジ，再々チャレンジすることによってどんどん早く解けるようになるから心配はいらないよ。反復練習により，思考力も，計算力も，そして図を描くスピードもアップするんだからね。頑張ろうな！

● 直線上の線分の長さは x 座標だけでケリがつく！

次の問題は，ボクのオリジナル問題だ。放物線によって切り取られる直線上の線分の長さの問題だ。重要な"解法のパターン"を含んでいるから，この解き方をシッカリマスターしてくれ。

演習問題 8	制限時間 5 分	難易度 ☆	CHECK1	CHECK2	CHECK3

放物線 $y = x^2 + \frac{1}{2}x + 1$ が，直線 $y = -\frac{1}{2}x + k$ から切り取る線分の長さが $\frac{3\sqrt{5}}{2}$ であった。このとき，k の値は $k =$ ［ア］である。

ヒント！ まず，y を消去して x の 2 次方程式にもち込む。この 2 実数解 α，β が，2 交点の x 座標となるんだね。後は，直角三角形の辺の比を利用することにより，線分の長さが求まるんだよ。この解法のパターンを覚えておけば，この種の問題の計算が非常に速くなるんだ。

解答＆解説

$$\begin{cases} y = x^2 + \frac{1}{2}x + 1 \cdots\cdots ① \\ y = -\frac{1}{2}x + k \cdots\cdots\cdots ② \end{cases}$$ とおくよ。

①，②より y を消去して，①と②のグラフの交点 P，Q の x 座標 α，β を求めることにしよう。

$$x^2 + \frac{1}{2}x + 1 = -\frac{1}{2}x + k$$

$$\underbrace{1}_{a} \cdot x^2 + \underbrace{1}_{b} \cdot x + \underbrace{(1-k)}_{c} = 0$$

これは，相異なる 2 実数解 α，β $(\alpha < \beta)$ をもつので当然，判別式 $D > 0$ だ。

$$D = 1^2 - 4 \cdot 1 \cdot (1-k) > 0 \qquad 4k - 3 > 0$$

$$\therefore k > \frac{3}{4} \cdots\cdots ③$$

ココがポイント

図 1

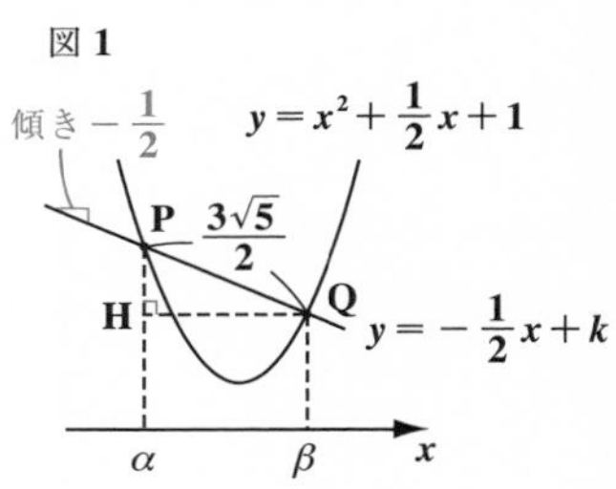

また，解と係数の関係より，

$$\begin{cases} \alpha+\beta=\boxed{-1} \quad \left(-\frac{b}{a}\right) \\ \alpha\beta=\boxed{1-k} \quad \left(\frac{c}{a}\right) \end{cases} \cdots\cdots④$$

基本対称式だ！

対称式はすべて，基本対称式で表せる！

⇦解と係数の関係

$$\begin{cases} \alpha+\beta=-\frac{b}{a} \\ \alpha\beta=\frac{c}{a} \end{cases}$$

だね。

図 **1** に示すように，点 **P** を通る y 軸に平行な直線に点 **Q** から下ろした垂線の足を **H** とおく。

　このとき，直角三角形 **PHQ** の辺の比は，図 **2** のようになるのは，大丈夫？

図 **2**

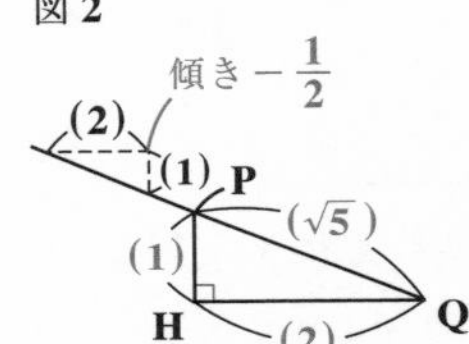

直線の傾きが $-\frac{1}{2}$ なので，$PH:HQ=1:2$ となる。

後は，$\triangle PHQ$ に三平方の定理を用いると，これはあくまでも比なんだけど，$PQ=\sqrt{1^2+2^2}=\sqrt{5}$ となるんだね。

よって，$PQ:QH=\sqrt{5}:2$ より，$QH=\frac{2}{\sqrt{5}}PQ$ となるんだ。

図 **3**

P　$\frac{3\sqrt{5}}{2}$

H　Q

$QH=\frac{2}{\sqrt{5}}PQ=3$

ここで，$PQ=\frac{3\sqrt{5}}{2}$ より，$QH=\frac{2}{\sqrt{5}}\times\frac{3\sqrt{5}}{2}=3$ ……⑤

だね。

また，図 **1** より，$QH=\beta-\alpha$ ……⑥　だ。

よって，⑤，⑥より，

　$\beta-\alpha=3$ ……⑦　となるんだ。

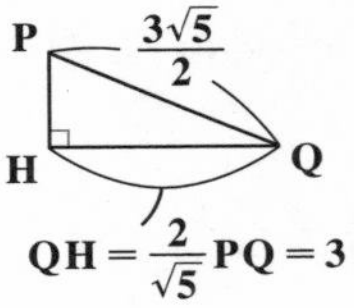

⇦⑦の左辺 $=\beta-\alpha$ は対称式ではない。

ここでのポイントは，**2** 点 **P**，**Q** の y 座標はまったく使わないで問題を解いていることなんだ！

これは，重要な解法のパターンだから是非覚えておこう。

ここで，⑦の両辺を2乗して，

$(\beta-\alpha)^2=9$

対称式　基本対称式

$(\beta-\alpha)^2=(\alpha+\beta)^2-4\alpha\beta$

$(\alpha+\beta)^2-4\alpha\beta=9$

$\alpha+\beta=-1$，$\alpha\beta=1-k$

これに④を代入して，

$(-1)^2-4(1-k)=9 \qquad 4k=12$

$\therefore k=3$ ……………………………………(答)(ア)

これは，$k>\frac{3}{4}$ ……③をみたす！

⇦ $(\beta-\alpha)^2$ は対称式だね。

αとβを入れかえても変化しない式

対称式は必ず基本対称式で表せる。

今回の問題は，線分の長さ(2点間の距離)を公式 $\sqrt{(x_1-x_2)^2+(y_1-y_2)^2}$ を用いずに，x 座標の α と β だけで解くところがポイントだったんだね。直角三角形の辺の比や，解と係数の関係，対称式・基本対称式の考え方をうまく使って解いたんだね。エッ？ 頭がパンクしそうって？ ウン，最初はみんなそうなんだよ。でも，練習を重ねていくうちに，このような変形が自然にスムーズにできるようになるものなんだ。だから，習った後の反復練習を忘れないでくれ！

● 2つの放物線の位置は判別式の符号で決まる！

次は，2つの放物線の位置関係の問題で，比較的解きやすい問題だ。これは，過去問をボクが少し改題したもので，放物線の頂点の軌跡を求める問題でもあるんだよ。

演習問題 9	制限時間 6 分	難易度 ☆	CHECK1	CHECK2	CHECK3

a を実数とし，放物線 C ： $y = x^2 + 2ax + 3a^2 + 3a + 12$ を考える。

(1) a が動くとき，放物線 C の頂点の軌跡は，

放物線 $y = \boxed{ア}x^2 - \boxed{イ}x + \boxed{ウエ}$ となる。

(2) 放物線 C がもう一つの放物線 $y = -x^2 - 10x$ と異なる 2 点で交わる条件は，

$-\dfrac{\boxed{オ}}{\boxed{カ}} < a < \boxed{キ}$ である。

この二つの放物線が 1 点を共有し，その点における接線が一致するとき，a の値は

$a = \boxed{ク}$ または $a = -\dfrac{\boxed{ケ}}{\boxed{コ}}$ である。

ヒント！ (1) では，放物線 C の方程式を変形して，頂点 P の座標を求める。P(x, y) とおくと，$x = (a$ の式$)$，$y = (a$ の式$)$ の形になるので，この a を消去して，x と y の関係式を求めれば，それが頂点 P の軌跡の方程式になるんだね。つまり，

(P(x, y) の軌跡) ≡ (x と y の関係式) ということだね。

(2) 2 つの放物線が，(ⅰ) 異なる 2 交点をもつ，(ⅱ) 接するための条件は，y を消去した x の 2 次方程式の判別式 D が，(ⅰ) $D > 0$，(ⅱ) $D = 0$ をみたすことなんだね。

解答＆解説

(1) 放物線 C：$y=x^2+2ax+3a^2+3a+12$ ……①

とおく。①を変形して，

$$y=(x^2+2ax+a^2)+3a^2+3a+12-a^2$$

（2 で割って 2 乗）（a^2 をたした分引く！）

$$y=(x+a)^2+2a^2+3a+12$$

⇦ $y=(x-p)^2+q$ の形に変形すると，頂点は $(p,\ q)$ だね。

よって，この放物線 C の頂点 P は，

P$(-a,\ 2a^2+3a+12)$ となるね。(a：実数)

⇦ x も y も，媒介変数 a で表されているので，a を消去して x と y の関係式を求めたらそれが点 P の軌跡の方程式だ。

ここで，頂点 P$(x,\ y)$ とおくと，

$$\begin{cases} x=-a & \cdots\cdots② \\ y=2a^2+3a+12 & \cdots\cdots③ \end{cases}$$ だね。

②より，$a=-x$ ……②′

②′を③に代入して，求める頂点 P の軌跡の方程式は，$y=2(-x)^2+3(-x)+12$

$\therefore\ y=2x^2-3x+12$ ………(答)(ア，イ，ウエ)

a の値が変化すれば，当然，放物線 C も移動するんだね。そして，その頂点 P が $y=2x^2-3x+12$ の曲線を描くことが分かったので，結局，右図の点線のように，放物線 C が動くことも分かるはずだ。

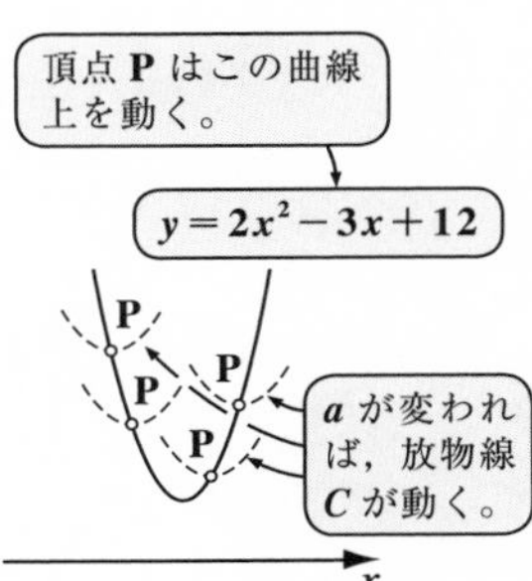
頂点 P はこの曲線上を動く。
$y=2x^2-3x+12$
P
P
P
P
a が変われば，放物線 C が動く。
x

(2) 放物線 C：$y=x^2+2ax+3a^2+3a+12$ ……①

放物線　：$y=-x^2-10x$ ……………………④

①，④から y を消去して，

$$x^2+2ax+3a^2+3a+12=-x^2-10x$$

$$\underset{a}{\boxed{2}}x^2+\underset{2b'}{\boxed{2(a+5)}}x+\underset{c}{\boxed{3a^2+3a+12}}=0$$

この x の 2 次方程式の判別式を D とおく。

(ⅰ) ①と④が，異なる 2 点で交わる条件は，

$$\frac{D}{4}=\boxed{(a+5)^2-2\cdot(3a^2+3a+12)>0}$$

$$-5a^2+4a+1>0$$

この両辺に -1 をかけて，

$$5a^2-4a-1<0$$

5　　1
1　　-1

$$(5a+1)(a-1)<0$$

$\therefore -\frac{1}{5}<a<1$…………(答)(オ，カ，キ)

(ⅱ) ①と④が接する条件は，

$$\frac{D}{4}=-5a^2+4a+1=0$$

$5a^2-4a-1=0$，$(5a+1)(a-1)=0$

$\therefore a=1$ または $a=-\frac{1}{5}$

………(答)(ク，ケ，コ)

⇦ “2つの放物線が1点を共有し，その点における接線が一致する”っていうのは，つまり2つの放物線が“接する”ということだ。

判別式 $\frac{D}{4}$ について，(ⅰ) $\frac{D}{4}>0$，(ⅱ) $\frac{D}{4}=0$，(ⅲ) $\frac{D}{4}<0$ のときの2つの放物線の位置関係を右上図に示すので，イメージを頭に入れておこう。

(i) $\frac{D}{4} > 0$

C

$y = -x^2 - 10x$

x

α β 異なる2実解

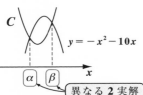

(異なる2交点)

(ii) $\frac{D}{4} = 0$

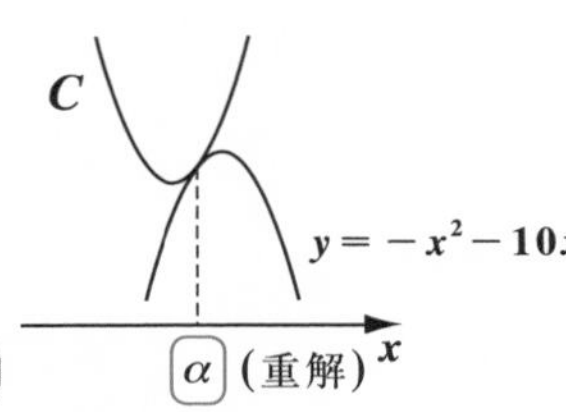

(接する)

(iii) $\frac{D}{4} < 0$

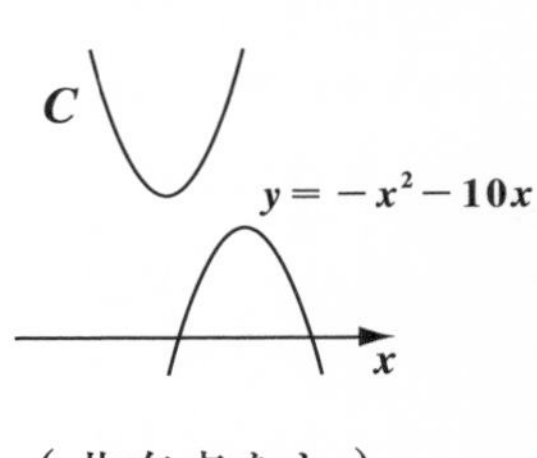

(共有点なし)

● 円の基本問題を解いてみよう！

次の問題は，内分点・外分点と円の方程式の基本問題だ。制限時間内に解けるように頑張ろう。

演習問題 10	制限時間 7 分	難易度	CHECK1	CHECK2	CHECK3

O を原点とする座標平面上に 2 点 A(6, 0)，B(3, 3) をとり，線分 AB を 2：1 に内分する点を P，1：2 に外分する点を Q とする。3 点 O，P，Q を通る円を C とする。

(1) P の座標は (ア , イ) であり，Q の座標は (ウ , エオ) である。

(2) 円 C の方程式を次のように求めよう。線分 OP の中点を通り，OP に垂直な直線の方程式は $y=$ カキ $x+$ ク であり，線分 PQ の中点を通り，PQ に垂直な直線の方程式は $y=x-$ ケ である。

これらの 2 直線の交点が円 C の中心であることから，円 C の方程式は $(x-$ コ $)^2+(y+$ サ $)^2=$ シス であることがわかる。

(3) 円 C と x 軸の二つの交点のうち，点 O と異なる交点を R すると，R は線分 OA を セ ：1 に外分する。

ヒント！ (1) 内分点と外分点の公式を使って，2 点 P，Q の座標を求めよう。(2) OP と PQ の垂直二等分線の交点が，円 C の中心 O_1 であり，OO_1 がこの円の半径になるんだね。(3) 円 C の方程式の y に $y=0$ を代入して点 R の x 座標を求めれば，OR：RA の比がすぐにわかるはずだ。

解答＆解説

(1) A(6, 0), B(3, 3) より,

・線分 AB を 2：1 に内分する点 P の座標は

$$P\left(\underbrace{\frac{1\cdot6+2\cdot3}{2+1}}_{\frac{12}{3}=4},\ \underbrace{\frac{1\cdot0+2\cdot3}{2+1}}_{\frac{6}{3}=2}\right) \text{ より,}$$

P(4, 2) だね。　…………(答)(ア, イ)

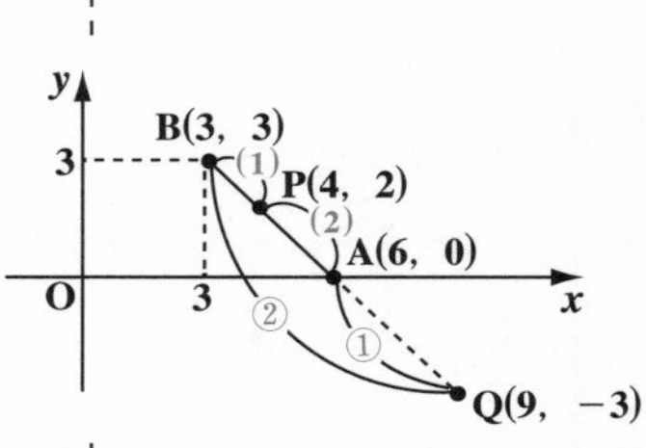

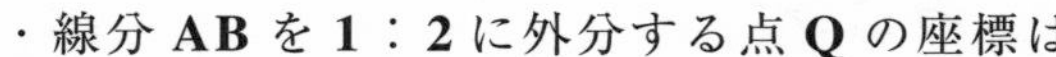

・線分 AB を 1：2 に外分する点 Q の座標は

$$Q\left(\underbrace{\frac{-2\cdot6+1\cdot3}{1-2}}_{\frac{-9}{-1}=9},\ \underbrace{\frac{-2\cdot0+1\cdot3}{1-2}}_{\frac{3}{-1}=-3}\right) \text{ より,}$$

Q(9, −3) となる。　………(答)(ウ, エオ)

(2) 3 点 O, P, Q を通る円 C の中心を O_1 とおく。

・線分 OP の垂直二等分線を l_1 とおき,

l_1 上の動点を $L_1(x,\ y)$ とおくと,

$\underbrace{OL_1{}^2}_{x^2+y^2}=\underbrace{PL_1{}^2}_{(x-4)^2+(y-2)^2}$ より ← $OL_1=PL_1$ となるからね。

$x^2+y^2=x^2-8x+16+y^2-4y+4$

$4y=-8x+20$　　両辺を 4 で割って,

$l_1：y=-2x+5$　……①となる。………(答)(カキ, ク)

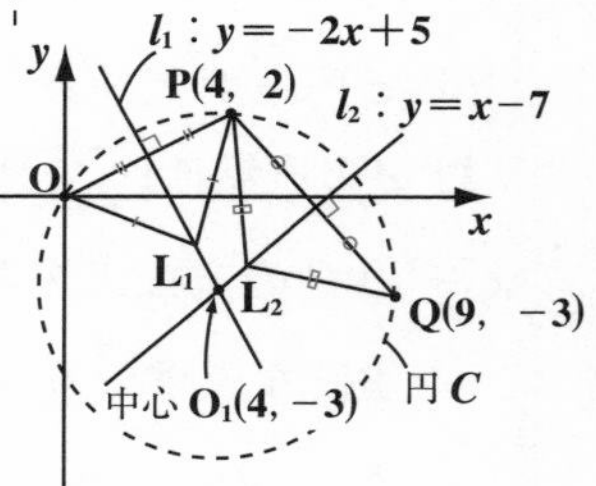

・線分 PQ の垂直二等分線を l_2 とおき,

l_2 上の動点を $L_2(x,\ y)$ とおくと,

$\underbrace{PL_2{}^2}_{(x-4)^2+(y-2)^2}=\underbrace{QL_2{}^2}_{(x-9)^2+(y+3)^2}$ より ← $PL_2=QL_2$ となるからね。

$x^2-8x+16+y^2-4y+4=x^2-18x+81+y^2+6y+9$

$l_2：y=x-7$ ……②となる。…………(答)(ケ)

⇦ $-8x-4y+20$
$=-18x+6y+90$
$10y=10x-70$
$y=x-7$

$$\begin{cases} l_1 : y = -2x + 5 & \cdots\cdots\cdots ① \\ l_2 : y = x - 7 & \cdots\cdots\cdots\cdots\cdots ② \end{cases}$$

そして，l_1 と l_2 の交点が円 C の中心 O_1 であり，円 C の半径を r とおくと，$r^2 = OO_1^2$ である。

⇦ 中心 $A(x_1,\ y_1)$，半径 r の円の方程式は，$(x-x_1)^2+(y-y_1)^2=r^2$ となる。

①，②より y を消去して，

$-2x+5=x-7 \qquad 3x=12 \qquad x=4$

これを②に代入して，$y=4-7=-3$

$\therefore$ 中心 $O_1(4,\ -3)$

また，$r^2=OO_1^2$ より，$r^2=4^2+(-3)^2=16+9=25$

以上より，求める円 C の方程式は

$(x-4)^2+(y+3)^2=25$ …③である。……(答)
(コ，サ，シス)

(3) ③の y に $y=0$(x 軸) を代入すると，

$\underbrace{(x-4)^2}_{x^2-8x+16}+3^2=25 \qquad x^2-8x+\cancel{25}=\cancel{25}$

$x(x-8)=0 \qquad \therefore x=0,\ 8$ ← 点 R の x 座標

よって，円 C と x 軸の交点で，O と異なる点 R の座標は R(8, 0) である。

右図から，OR : RA $=8:2=4:1$ より，点 R は線分 OA を $4:1$ に外分する。

……………(答)(セ)

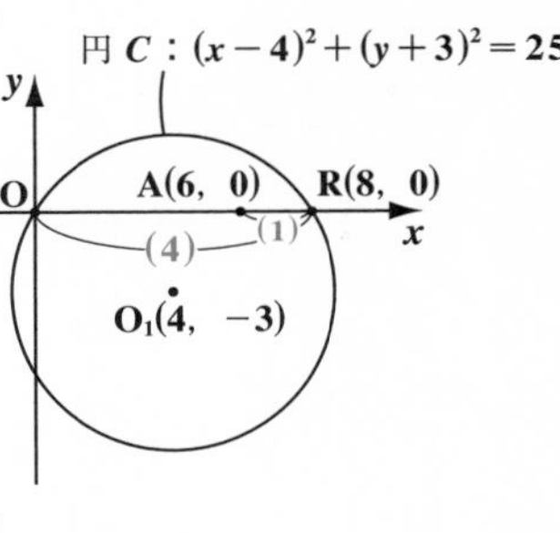

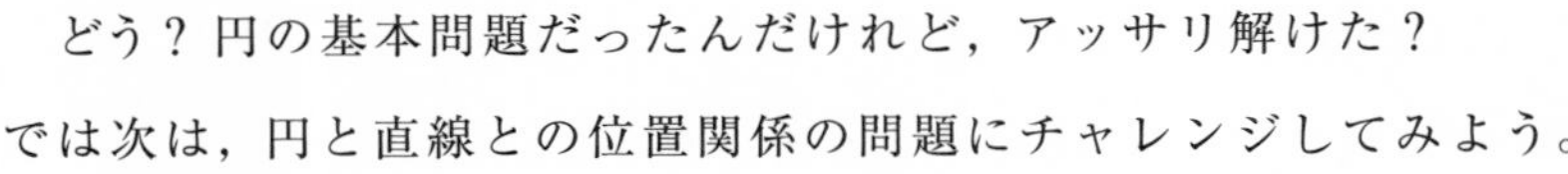
どう？円の基本問題だったんだけれど，アッサリ解けた？
では次は，円と直線との位置関係の問題にチャレンジしてみよう。

● 円と直線の問題は，頻出だ！

それでは，円と直線の位置関係の問題を解いてみよう。前に，放物線が直線から切り取る線分の長さの問題を解いたけれど，今回は，円が直線から切り取る線分の長さを求める問題だ。さァ，チャレンジしてごらん！

演習問題 11	制限時間 6 分	難易度 ☆☆	CHECK 1	CHECK 2	CHECK 3

円 C：$x^2-2(\sqrt{2}+1)x+y^2-2y+2(\sqrt{2}+1)=0$ と，

直線 l：$x-\sqrt{3}y+k=0$ がある。(ただし，$k>0$ とする。)

(1) 円 C の中心の座標は $(\sqrt{\boxed{ア}}+\boxed{イ},\ \boxed{ウ})$ であり，

半径は $\sqrt{\boxed{エ}}$ である。

(2) 円 C が直線 l から切り取る線分の長さが $\sqrt{6}$ となるような k の値は，

$k=\sqrt{\boxed{オ}}-\boxed{カ}$ である。

ヒント！ (1) 円の方程式が $(x-a)^2+(y-b)^2=r^2\ (r>0)$ と与えられたら，中心 $(a,\ b)$ と，半径 r が分かるんだね。(2) これは，円の中心と直線との間の距離を求めることが，ポイントになるんだね。

解答＆解説

ココがポイント

(1) 円 C：$x^2-2(\sqrt{2}+1)x+y^2-2y+2(\sqrt{2}+1)=0$

これを，変形してまとめてみよう。

$$\{x^2-2(\sqrt{2}+1)x+(\sqrt{2}+1)^2\}+(y^2-2y+1)$$

2 で割って 2 乗　　2 で割って 2 乗

$$=-2(\sqrt{2}+1)+(\sqrt{2}+1)^2+1$$

⇦ 左辺に $(\sqrt{2}+1)^2+1$ をたした分，右辺にもたす。

$$\{x-(\sqrt{2}+1)\}^2+(y-1)^2=2$$

⇦ $(x-a)^2+(y-b)^2=r^2$ は，中心 $(a,\ b)$，半径 r の円を表す。

∴中心 $A(\sqrt{2}+1,\ 1)$，半径 $r=\sqrt{2}$ の円である。

…………(答)(ア，イ，ウ，エ)

Babaのレクチャー

まず，点と直線との間の距離 h を求める公式を書いておくよ。

(1) 点 $P(x_1,\ y_1)$ と

直線 $l：ax+by+c=0$

との間の距離 h は，

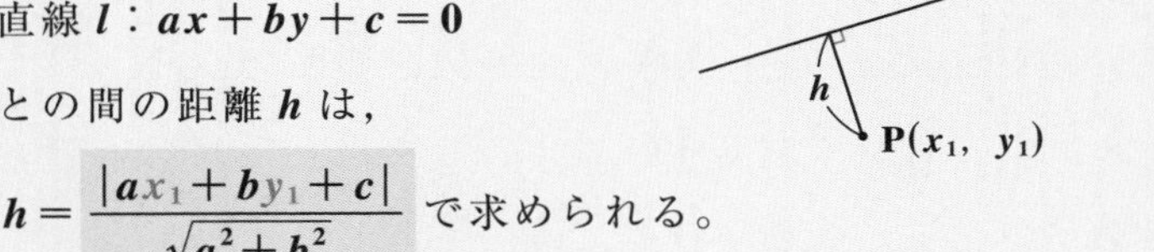

$$h=\frac{|ax_1+by_1+c|}{\sqrt{a^2+b^2}}$$ で求められる。

次に，円と直線との位置関係は，円の中心と直線との間の距離 h と，円の半径 r の大小関係によって決まるんだ。

(2) 円と直線との位置関係

(i) 2点で交わる　(ii) 接する　(iii) 共有点を持たない

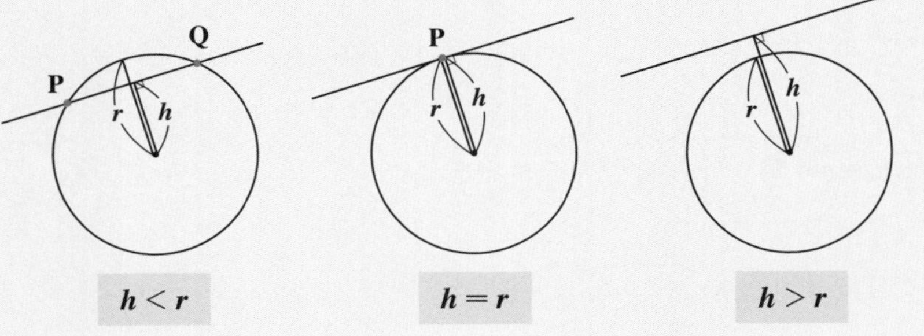

$h<r$　$h=r$　$h>r$

(2) この問題では，当然，直線 l と円 C は異なる2点で交わるので，Babaのレクチャーの円と直線との位置関係の分類では，(i) の $h<r$ となるんだね。

ここではさらに，円によって切り取られた線分の長さが $\sqrt{6}$ より，この h の値を具体的に求めよう。

図1のように，円 C と直線 l との交点を P，Q とおくよ。

また，中心 A から直線 l に下ろした垂線の足を H とおく。

すると，△APQ は，AP＝AQ の二等辺三角形だから，頂点 A から対辺 PQ に下ろした垂線の足 H によって，線分 PQ は二等分されるんだね。

$PQ=\sqrt{6}$ より，$PH=\frac{1}{2}PQ=\frac{\sqrt{6}}{2}$ だ。

よって，直角三角形 AHQ を図2のように取り出して，$AH=h$ とおいて，三平方の定理を用いると，

これが，中心と直線 l との間の距離だ！

$$h=\sqrt{(\sqrt{2})^2-\left(\frac{\sqrt{6}}{2}\right)^2}=\sqrt{\frac{2}{4}}=\boxed{\frac{\sqrt{2}}{2}}$$

よって，中心 $A(\underset{x_1}{\sqrt{2}+1},\ \underset{y_1}{1})$ と

直線 l：$\underset{a}{1}\cdot x\underset{b}{-\sqrt{3}}\cdot y+\underset{c}{k}=0$ との距離 h は，

$$h=\boxed{\frac{|1\cdot(\sqrt{2}+1)-\sqrt{3}\cdot 1+k|}{\sqrt{1^2+(-\sqrt{3})^2}}=\frac{\sqrt{2}}{2}}$$

となるね。

これから，

図1

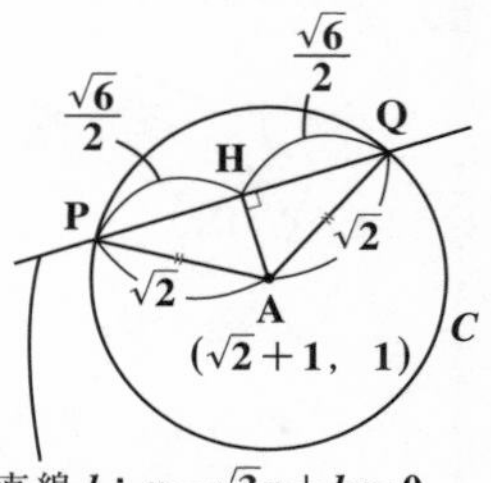

直線 l：$x-\sqrt{3}y+k=0$

図2

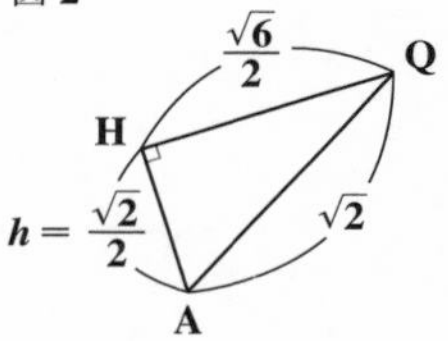

⇦ 中心 $A(x_1,\ y_1)$ と l：$ax+by+c=0$ との間の距離 h の公式は，$h=\frac{|ax_1+by_1+c|}{\sqrt{a^2+b^2}}$ だ。

$$\left|\underset{1.4}{\sqrt{2}}+1+\overset{\oplus}{k}-\underset{1.7}{\sqrt{3}}\right|=\sqrt{2}$$

⊕だね！

ここで，$k>0$ より，左辺の絶対値記号の中の数が正なのは分かるね。よって，この絶対値記号は不要だ。

$$\sqrt{2}+1+k-\sqrt{3}=\sqrt{2}$$

$\therefore\ k=\sqrt{3}-1$ ……………………………(答)(オ，カ)

この解き方も，大切な基本的解法のパターンの**1**つだから，丸ごと覚えてしまいなさい。ただし，覚えると言っても，解答の数値を覚えたって意味がない。数学で覚える対象となるのは，考え方，解法のパターン，計算法などのことで，英単語を覚えたり，歴史の年号を覚えたりするのとは，全く別物なんだね。そして，この解法のパターンを覚える位，シッカリ練習しておくと，試験でまったく同じ問題が問われることはまずないと思うけれど，類似問題，考え方の似た問題は非常によく出題されるので，そのときは違和感なくスムーズに解答できるんだね。頑張ろうな！

次は，2 つの円の関係した問題だ。また，直線と円との位置関係も問われている。これも少し改題を入れてるけれど，過去に出題された問題だ。解いてみよう！

演習問題 12	制限時間 17 分	難易度 ☆☆☆	CHECK1	CHECK2	CHECK3

円 $x^2+y^2=1$ を C_0 とし，C_0 を x 軸の正の方向に $2a$ だけ平行移動した円を C_1 とする。ただし，a は $0<a<1$ とする。また，C_0 と C_1 の二つの交点のうち第 1 象限にある方を A，もう一方を B とする。

(1) 円 C_1 の方程式は $(x-\boxed{アイ})^2+y^2=\boxed{ウ}$ である。

(2) $\mathrm{P}(u,\ v)$ を 2 点 A，B と異なる C_0 上の点とし，

三角形 PAB の重心を G とする。G の座標は

$\left(\dfrac{u+\boxed{エオ}}{\boxed{カ}},\ \dfrac{v}{\boxed{キ}}\right)$ である。

これにより，P が C_0 から 2 点 A，B を除いた部分を動くときの

G の軌跡は，方程式 $\left(x-\dfrac{\boxed{ク}}{\boxed{ケ}}a\right)^2+y^2=\dfrac{1}{\boxed{コ}}$

で与えられる円 D から 2 点

$\left(\boxed{サ},\ \dfrac{\sqrt{1-\boxed{シ}^2}}{\boxed{ス}}\right)$ と $\left(\boxed{サ},\ -\dfrac{\sqrt{1-\boxed{シ}^2}}{\boxed{ス}}\right)$

を除いた部分であることがわかる。

(3) 点 A における円 C_1 の接線 l の方程式は

$-ax+\sqrt{1-\boxed{シ}^2}\,y+\boxed{セ}a^{\boxed{ソ}}-1=0$ である。

D の中心と l の距離は $\dfrac{\left|\boxed{タ}a^2-\boxed{チ}\right|}{3}$ であるから，

D と l が接するとき，a の値は $a=\dfrac{\sqrt{\boxed{ツ}}}{\boxed{テ}}$ である。

ヒント！ $0<a<1$ から2つの円 C_0 と C_1 は異なる2点A，Bで交わるんだね。(2)は，△PABの重心Gの軌跡は，G(x, y) とおいて，x と y の関係式を求めればいいんだね。(3)は円と直線が接するときの問題で，かなり計算も大変だけど，頑張れ，頑張れ！

解答＆解説

(1) 円 C_0：$x^2+y^2=1$ ……① を

$(2a, 0)$ だけ平行移動したものが円 C_1 より，

円 C_1：$(x-2a)^2+y^2=1$ ……②となる。…(答)

x の代わりに，$x-2a$ を代入！ $(0<a<1)$（アイ，ウ）

ココがポイント

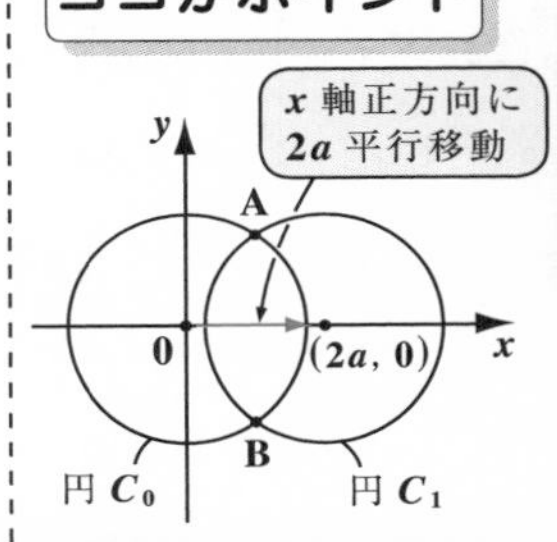

Babaのレクチャー

一般に2つの円 C_1，C_2 の半径をそれぞれ r_1，r_2 $(r_1>r_2)$ とし，それぞれの円の中心 A_1 と A_2 の間の距離を $d\,(=A_1A_2)$ とおく。すると，r_1，r_2 と d の関係から，2つの円 C_1，C_2 の位置関係は，次の5通りのものが考えられるんだね。

(i) $d>r_1+r_2$ のとき
共有点をもたない

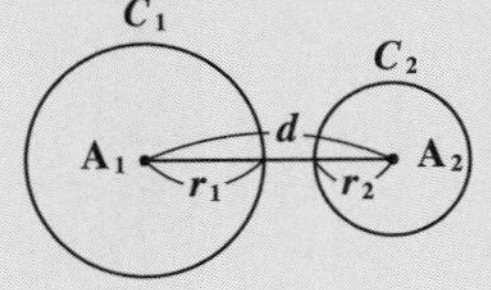

(ii) $d=r_1+r_2$ のとき
外接する

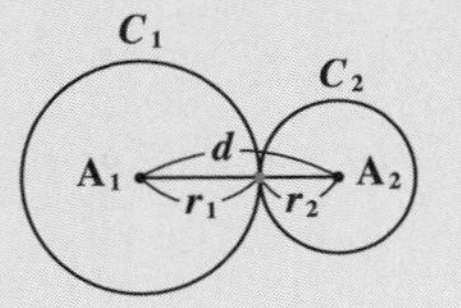

(iii) $r_1-r_2<d<r_1+r_2$ のとき2点で交わる

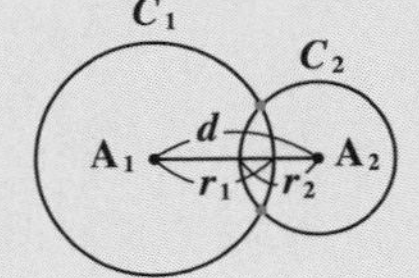

(iv) $d=r_1-r_2$ のとき
内接する

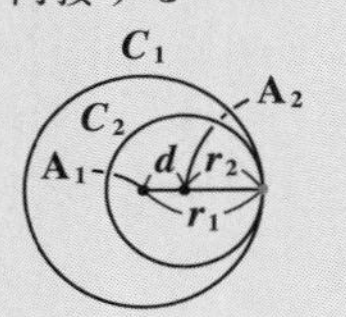

(v) $d<r_1-r_2$ のとき
共有点をもたない

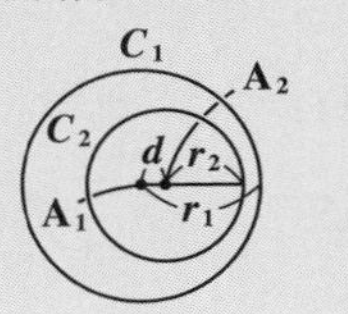

今回の問題では，2つの円 C_1，C_2 の半径は共に1で，2つの円の中心間の距離 $d=2a$ で，a は，$0<a<1$ の条件をみたすことから，この各辺に

2 をかけて，

$0<2a<2$ となる。よって，これは，(iii) の 2 点で交わるパターン

$1-1<d<1+1$

第 1 象限の点

んだったんだね。そして，この 2 交点が A と B なんだ。

(2) 円 C_0 : $x^2+y^2=1$ ……① と

円 C_1 : $(x-2a)^2+y^2=1$ ……② との

交点 A，B の座標を求めよう。

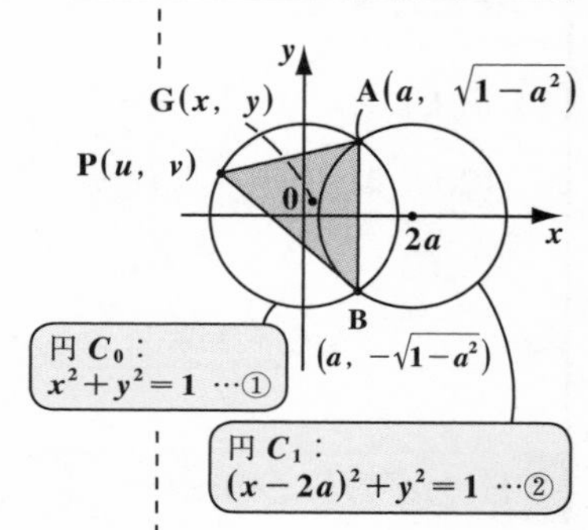

①−②より，

$$x^2-(x-2a)^2=0$$

$(x^2-4ax+4a^2)$

$$x^2-x^2+4ax-4a^2=0$$

$$4ax=4a^2 \quad \therefore x=a \text{ ……③}$$

⇦ 2 点 A，B の x 座標は，共に a だ。

③を①に代入して，

$$a^2+y^2=1 \quad \therefore y=\pm\sqrt{1-a^2}$$

点 A は第 1 象限の点より，

$$A\left(a,\ \sqrt{1-a^2}\right),\ B\left(a,\ -\sqrt{1-a^2}\right) \text{となる。}$$

⊕ ⊖

⇦ A の y 座標は正。よって，$y=\sqrt{1-a^2}$ となる。

ここで，点 $P(u,\ v)$ は，A，B とは異なる円 C_0 上を動く点なので，

$$u^2+v^2=1 \text{ ……④ } (u \neq a) \quad \text{となる。}$$

⇦ 点 $P(u,\ v)$ は $x^2+y^2=1$ をみたす。$\therefore u^2+v^2=1$ だね。

$P(u,\ v)$，$A\left(a,\ \sqrt{1-a^2}\right)$，$B\left(a,\ -\sqrt{1-a^2}\right)$ より，△PAB の重心を $G(x,\ y)$ とおくと，

$$x=\frac{u+a+a}{3}=\frac{u+2a}{3} \text{ ……⑤}$$

⇦ $A(x_1,\ y_1)$，$B(x_2,\ y_2)$，$C(x_3,\ y_3)$ のとき，△ABC の重心 G は，$G\left(\frac{x_1+x_2+x_3}{3},\ \frac{y_1+y_2+y_3}{3}\right)$ となる。

$$y=\frac{v+\sqrt{1-a^2}-\sqrt{1-a^2}}{3}=\frac{v}{3}\quad\cdots\cdots⑥$$

となるので，重心 G の座標は，

$\mathrm{G}\left(\frac{u+2a}{3},\ \frac{v}{3}\right)$ である。…(答)(エオ，カ，キ)

(ただし，$u \neq a$)

ここで，$\mathrm{P}(u,\ v)$ が A，B を除く円 C_0 上を動くときの重心 G の軌跡を求めたいわけだから，x と y の関係式を求めればいいんだね。そのためには，⑤，⑥を，$u=(x$ の式$)$，$v=(y$ の式$)$ の形に書き換えて，$u^2+v^2=1$ ……④に代入すればいい！ 納得いった？

⑤，⑥より，

$u=3x-2a$ ……⑤′，$v=3y$ ……⑥′

⑤′，⑥′を④に代入して，

$$(3x-2a)^2+(3y)^2=1$$

$$\left\{3\left(x-\frac{2a}{3}\right)\right\}^2=9\left(x-\frac{2a}{3}\right)^2$$

$9\left(x-\frac{2a}{3}\right)^2+9y^2=1$　　両辺を 9 で割ると，

重心 G の描く円 D の方程式

円 D：$\left(x-\frac{2}{3}a\right)^2+y^2=\frac{1}{9}$ ……⑦が導ける。

………(答)(ク，ケ，コ)

⇦円 D は中心 $\left(\frac{2}{3}a,\ 0\right)$，半径 $\frac{1}{3}$ の円だね。

ここで，$u \neq a$ より，⑤より

$x \neq \frac{a+2a}{3}=a$　$\therefore x \neq a$

⇦よって，$x=a$ となる点を⑦から導く。

$x=a$ を⑦に代入して，

$$\left(a-\frac{2}{3}a\right)^2+y^2=\frac{1}{9},\quad \frac{a^2}{9}+y^2=\frac{1}{9}$$

$$y^2=\frac{1-a^2}{9}\qquad y=\pm\sqrt{\frac{1-a^2}{9}}=\pm\frac{\sqrt{1-a^2}}{3}$$

∴円 D 上の 2 点

$\left(a,\ \frac{\sqrt{1-a^2}}{3}\right)$ と $\left(a,\ -\frac{\sqrt{1-a^2}}{3}\right)$ を除く。

……(答)(サ，シ，ス)

⇦ $x=a$ となる 2 点を除いた。

(3) 円 C_1 の中心を $C_1(2a,\ 0)$ とおく。

また，点 $A\left(a,\ \sqrt{1-a^2}\right)$ より，直線 AC_1 の傾きは，

$\frac{0-\sqrt{1-a^2}}{2a-a}=-\frac{\sqrt{1-a^2}}{a}$ となる。

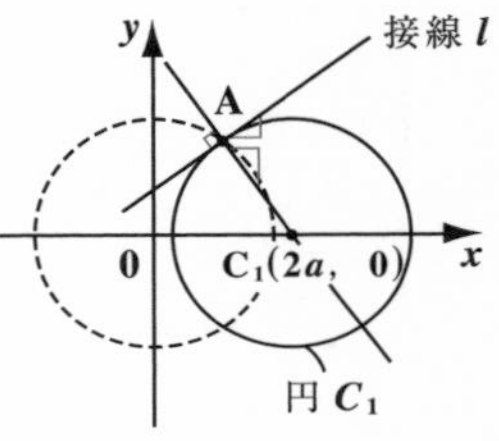

よって，点 A における円 C_1 の接線 l は，直線 AC_1 と直交するので，傾き $\frac{a}{\sqrt{1-a^2}}$ で，

⇦ $l\perp$ 直線 AC_1 より，
$-\frac{\sqrt{1-a^2}}{a}\times\frac{a}{\sqrt{1-a^2}}=-1$
となるからだ。

$A\left(a,\ \sqrt{1-a^2}\right)$ を通る直線となる。よって，l の方程式は，

$$y=\frac{a}{\sqrt{1-a^2}}(x-a)+\sqrt{1-a^2}$$

$$\sqrt{1-a^2}\,y=a(x-a)+1-a^2$$

l：$\underbrace{-a}_{p}x+\underbrace{\sqrt{1-a^2}}_{q}y+\underbrace{2a^2-1}_{r}=0$ となる。 …(答)(シ，セ，ソ)

円 D の中心を $D\left(\underbrace{\frac{2}{3}a}_{x_1},\ \underbrace{0}_{y_1}\right)$，半径を $r=\frac{1}{3}$ とおき，l と中心 D の距離を h とおくと，

$$h = \frac{\left| -a \cdot \frac{2}{3}a + \sqrt{1-a^2} \cdot 0 + 2a^2 - 1 \right|}{\sqrt{(-a)^2 + \left(\sqrt{1-a^2}\right)^2}}$$

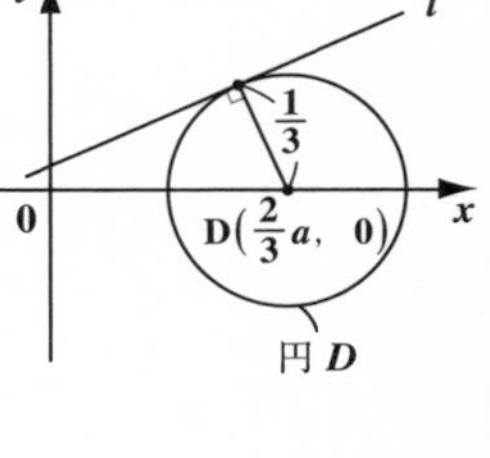

点 $(x_1,\ y_1)$ と直線 $px+qy+r=0$ の間の距離 h は，
$h = \frac{|px_1+qy_1+r|}{\sqrt{p^2+q^2}}$ となるからね。

$$= \frac{\left| -\frac{2}{3}a^2 + 2a^2 - 1 \right|}{\sqrt{a^2 + 1 - a^2}} = \left| \frac{4a^2-3}{3} \right|$$

$\therefore\ h = \frac{|4a^2-3|}{3}$ となる。 ……⑧

…………(答)(タ，チ)

直線 l と，円 D が接するための条件は，

$h = r\ \left(=\frac{1}{3}\right)$ だね。

よって，⑧より

$\frac{|4a^2-3|}{3} = \frac{1}{3}$　　$|4a^2-3| = 1$

$4a^2 - 3 = \pm 1$

(ⅰ) $4a^2-3=1$ のとき，$4a^2=4$

$a^2=1$　　$a=\pm 1$ となって不適。 ⇦ $0<a<1$ より，$a \neq \pm 1$ だね。

(ⅱ) $4a^2-3=-1$ のとき，$4a^2=2$

$a^2=\frac{1}{2}$　$\therefore\ a=\frac{1}{\sqrt{2}}=\frac{\sqrt{2}}{2}$ ⇦ $0<a<1$ より，$a \neq -\frac{1}{\sqrt{2}}$ だね。

以上 (ⅰ)(ⅱ) より，$a=\frac{\sqrt{2}}{2}$ となる。

………(答)(ツ，テ)

大変だったね。でも，こんな問題が制限時間内に解けるようになると自信につながるんだね！

● 領域と最大・最小問題では，見かけ上の直線を使おう！

さァ，次は"**図形と方程式**"の頻出典型問題だ。領域と最大・最小問題がこの問題のテーマなんだけど，グラフを使ってヴィジュアル(図形的)に解いていくことが，ポイントなんだよ。

演習問題 13	制限時間 10 分	難易度 ★★★	CHECK1	CHECK2	CHECK3

xy 座標平面上で，3 つの不等式，

$y \leqq -x+1$，$y \leqq x+1$，$y \geqq \dfrac{1}{3}x - \dfrac{1}{3}$ で表される領域を D とする。

点 $(x,\ y)$ が領域 D 内を動くとき，

(1) $x+2y$ の最大値は ［ア］ であり，最小値は ［イウ］ である。

(2) $(x-1)^2+(y-1)^2$ の最大値は ［エオ］ であり，

最小値は $\dfrac{［カ］}{［キ］}$ である。

ヒント！ 領域と最大・最小の問題では，まず与えられた不等式より領域を座標平面上に描くことから始めるんだよ。後は，(1) では，見かけ上の直線の式，(2) では，見かけ上の円の式を利用して，最大値や最小値を求めるんだ。その要領については，これからまず，Baba のレクチャーで詳しく解説しよう。

Baba のレクチャー

何か右図のように，xy 平面上に網目部で示した領域 D が存在するとするよ。(境界線は含むものとする。)

このとき，この領域上の点 $(x,\ y)$ に対して，$y-x$ の最大値と最小値を求めることにしよう。

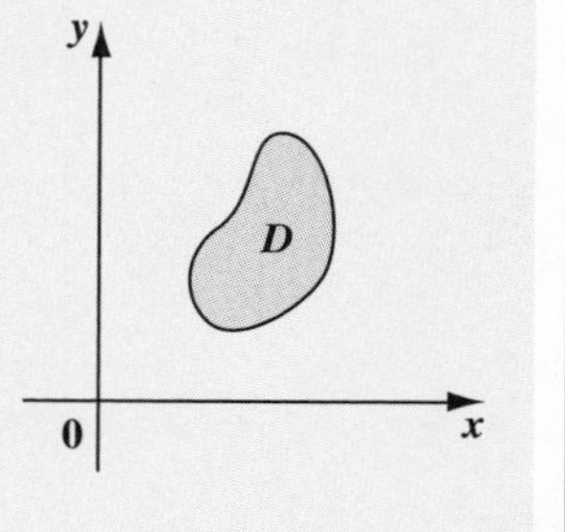

この領域 D は限られた大きさのものだけれど，その上に点は，$(x_1,\ y_1)$，$(x_2,\ y_2)$，……と無限に存在するから，それぞれの点を式 $y-x$ に代入して，値を計算してたんじゃ，一生かかっても結果なんて出せないね。では，どうするか？

ここで，$y-x=k$ とおくと，$y=x+k$ となって，傾き 1，y 切片 k の見かけ上直線が出来るんだね。なんで，"見かけ上"かって言うと，点 $(x,\ y)$ は，領域 D 上でしか定義されていないからだ。だから，上図のように，この直線が意味を持つ(存在する)のは，この直線が領域 D を通るときのみなんだ。したがって，y 切片 k の値をギリギリまで動かして，領域 D と共有点をもつようにすると，最大の k と最小の k の値が求まるんだ。納得いった？

解答＆解説

ココがポイント

$y=-x+1$ ……①，　$y=x+1$ ……②，

$y=\frac{1}{3}x-\frac{1}{3}$ ……③

とおくと，

①，②の交点は $(0,\ 1)$，②，③の交点は $(-2,\ -1)$，

③，①の交点は $(1,\ 0)$　となるので，

3 つの不等式

$y \leqq -x+1$, $y \leqq x+1$, $y \geqq \frac{1}{3}x-\frac{1}{3}$ で表される領域 D は，図 **1** の網目部になるんだね。
(境界線も含む。)

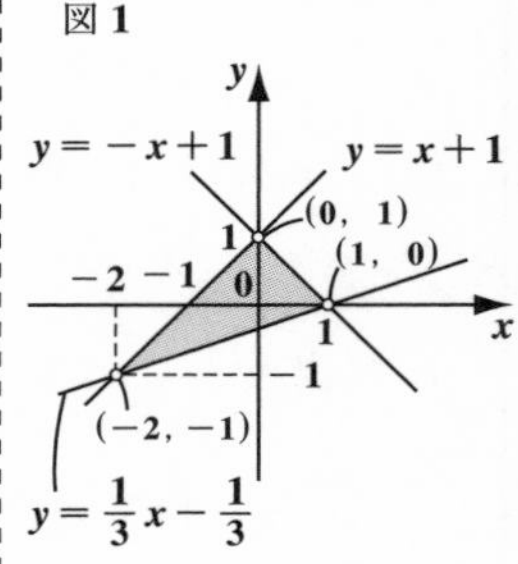

図 1

(1) 点 $(x,\ y)$ が領域 D 上を動くとき，k の最大値と最小値を求めるよ。

ここで，$x+2y=k$ とおいて，

$$y=-\frac{1}{2}x+\frac{k}{2}$$ ← これが，見かけ上直線だ！

⇦ 傾き $-\frac{1}{2}$　y 切片 $\frac{k}{2}$ の見かけ上直線だ。

これが，領域 D と共有点をもつように，$\frac{k}{2}$ の値をギリギリまで動かして，$\frac{k}{2}$，すなわち k の最大値と最小値を求めればいいんだね。

図 **2** より，明らかに，

(ⅰ) $(x,\ y)=(0,\ 1)$ のとき，

最大値 $k=x+2y=0+2\times1=2$ …………(答)(ア)

(ⅱ) $(x,\ y)=(-2,\ -1)$ のとき，

最小値 $k=x+2y=-2+2\cdot(-1)=-4$ …………(答)(イウ)

となるんだね。納得いった？

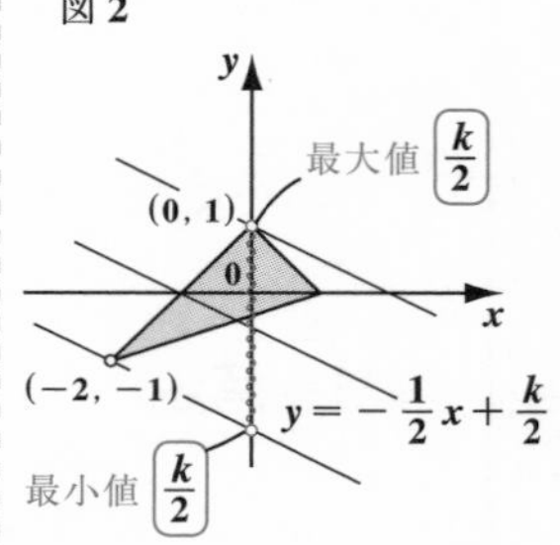

図 2

(2) 点 $(x,\ y)$ が同様に領域 D 上を動くとき，$(x-1)^2+(y-1)^2$ の最大値と最小値をそれぞれ求めよう。

ここでは，当然，

$$(x-1)^2+(y-1)^2=r^2 \quad (r>0)$$

とおいて，中心 $(1,\ 1)$，半径 r の見かけ上円の方程式にもち込むんだね。

⇦見かけ上直線の応用ヴァージョンだ！

そして，r の値をギリギリまで動かして，領域 D と共有点をもつ限界の値を調べればいいんだね。

(ⅰ) r の最小値 $r_{\min}$ は，

中心 $(1,\ 1)$ と直線 $1\cdot x+1\cdot y-1=0$ との距離になるので，

$$r_{\min}=\frac{|1\cdot 1+1\cdot 1-1|}{\sqrt{1^2+1^2}}=\frac{1}{\sqrt{2}}\ \text{だ。}$$

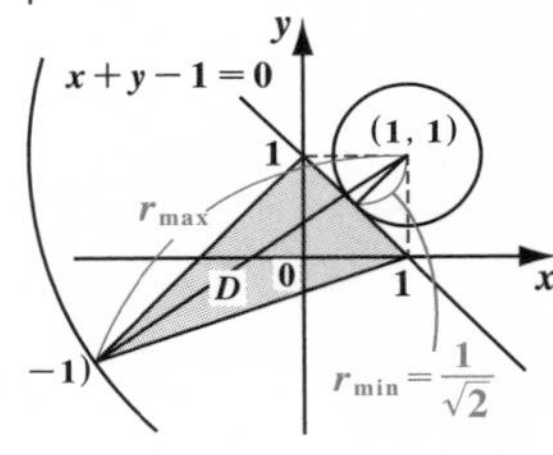

(ⅱ) r の最大値 $r_{\max}$ は，

中心 $(1,\ 1)$ と点 $(-2,\ -1)$ との間の距離だから，

$$r_{\max}=\sqrt{(1+2)^2+(1+1)^2}=\sqrt{13}\ \text{だ。}$$

以上 (ⅰ)(ⅱ) より，

$(x-1)^2+(y-1)^2$ の最大値は，13 ($=r^2_{\max}$)

…………(答)(エオ)

最小値は，$\frac{1}{2}$ ($=r^2_{\min}$) だね。

………(答)(カ，キ)

領域と最大・最小問題の解き方は分かった？ 図形的 (ヴィジュアル) に解くことが，コツなんだね。シッカリ反復練習してくれ。

● 放物線と円の共接条件は y 座標が決め手だ！

図形と方程式の問題も，いろいろなものを解いてきたね。いよいよこの問題で最後だ。フィナーレを飾るのは，放物線と円の共接条件の問題だ！

演習問題 14	制限時間 6 分	難易度 ☆☆	CHECK1	CHECK2	CHECK3

円：$x^2+(y-a)^2=1$ ……① $(a>0)$ と放物線 $y=x^2$ ……②が，異なる 2 点 P，Q で接するものとする。

このとき $a=\dfrac{\boxed{ア}}{\boxed{イ}}$ であり，また，2 点 P，Q の y 座標は $\dfrac{\boxed{ウ}}{\boxed{エ}}$ である。

この円が直線 PQ によって分割された部分のうち，下側のものの面積を S とおくと，$S=\dfrac{\pi}{\boxed{オ}}-\dfrac{\sqrt{\boxed{カ}}}{\boxed{キ}}$ である。

ヒント！ 円と放物線が 2 点で接するための条件は，2 つの方程式から x^2 を消去して，y の 2 次方程式にもち込み，その判別式 $=0$ とすればよい。これも，大事な解法のパターンなんだ。覚えてくれ！

解答＆解説

ココがポイント

$$\begin{cases} 円：x^2+(y-a)^2=1 \quad \cdots\cdots ① \quad (a>0) \\ 放物線：y=x^2 \quad \cdots\cdots\cdots\cdots ② \end{cases}$$

①，②より x^2 を消去して，y の 2 次方程式にしよう。

これは，とても大事だ！　もし，y を消去したら x の 4 次方程式となって，メンドウになるよ。

⇦ x^2 を消去して，y の 2 次方程式にもち込むんだ。

②を①に代入して，

$$y+(y-a)^2=1$$

$$y^2-(2a-1)y+a^2-1=0 \quad \cdots\cdots ③$$

①と②が2点P，Qで接するので，図1から，③の y の2次方程式は，1つの重解 y_1 をもつはずだ。

よって，③の判別式を D とおくと，

$$D=\boxed{(2a-1)^2-4(a^2-1)=0}$$

$$-4a+5=0 \quad \therefore a=\frac{5}{4} \quad \cdots\cdots\cdots\cdots\cdots\text{(答)(ア，イ)}$$

これを③に代入して，

$y^2-\frac{3}{2}y+\frac{9}{16}=0$ だね。よって，$\left(y-\frac{3}{4}\right)^2=0$

より，

接点P，Qの y 座標 y_1 は，$y_1=\frac{3}{4}$ …(答)(ウ，エ)

次，線分PQと y 軸の交点をHとおくと，図2より明らかに，△APHは，辺の比が $1:2:\sqrt{3}$ の直角三角形になってるのが分かる。

$$\left(\begin{array}{l}\mathrm{AP}=1\ (\text{半径}),\quad \mathrm{AH}=\frac{5}{4}-\frac{3}{4}=\frac{1}{2},\\ \mathrm{PH}=\sqrt{\mathrm{AP}^2-\mathrm{AH}^2}=\frac{\sqrt{3}}{2}\end{array}\right)$$

よって，求める面積Sは，扇形APQから△APQの面積を引けばいいんだね。

$$\therefore \quad S=\overset{\frac{120°}{360°}}{\boxed{\frac{1}{3}}}\times\pi\cdot 1^2-\frac{1}{2}\cdot 1\cdot 1\cdot\overset{\frac{\sqrt{3}}{2}}{\boxed{\sin 120°}}$$

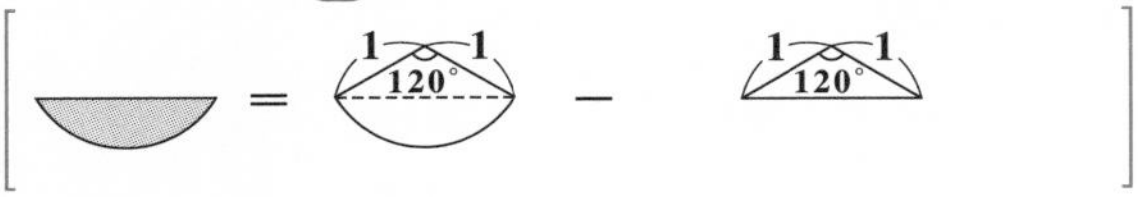

$$=\frac{\pi}{3}-\frac{\sqrt{3}}{4} \text{ となる。} \cdots\cdots\text{(答)(オ，カ，キ)}$$

図1

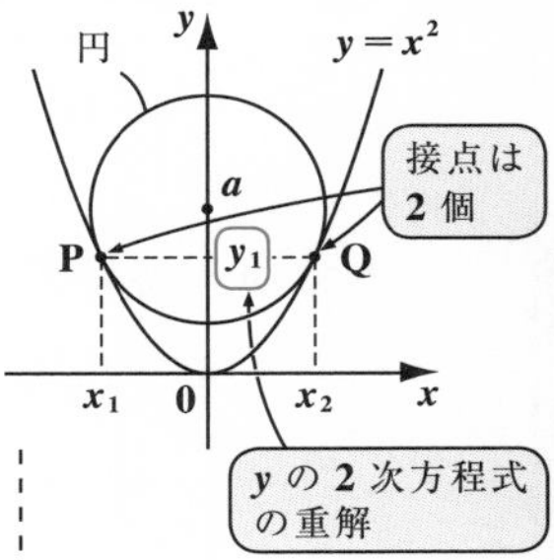

図2

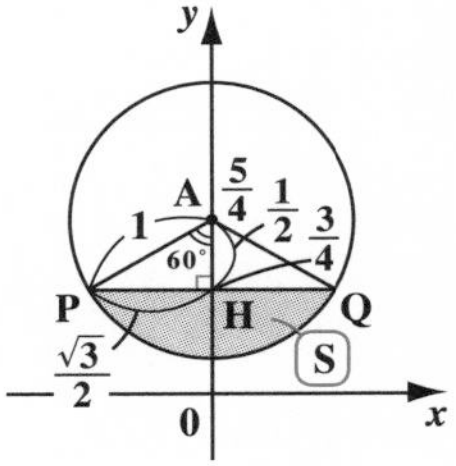

⇦ 扇形の面積の公式：
$\frac{1}{2}\cdot r^2\cdot\theta$ を使って，
$\frac{1}{2}\cdot 1^2\cdot\frac{2}{3}\pi=\frac{\pi}{3}$ と
計算してもいい。

以上で，“図形と方程式”の講義はすべて終了だ。よく復習しておこう！

講義2 ● 図形と方程式　公式エッセンス

1.　2点 $A(x_1,\ y_1)$，$B(x_2,\ y_2)$ 間の距離

$$AB=\sqrt{(x_1-x_2)^2+(y_1-y_2)^2}$$

2.　内分点・外分点の公式

2点 $A(x_1,\ y_1)$，$B(x_2,\ y_2)$ を結ぶ線分 AB を

(ⅰ)　点 P が $m:n$ に内分するとき，$P\left(\dfrac{nx_1+mx_2}{m+n},\ \dfrac{ny_1+my_2}{m+n}\right)$

(ⅱ)　点 Q が $m:n$ に外分するとき，$Q\left(\dfrac{-nx_1+mx_2}{m-n},\ \dfrac{-ny_1+my_2}{m-n}\right)$

3.　点 $A(x_1,\ y_1)$ を通る傾き m の直線の方程式

$$y=m(x-x_1)+y_1$$

2点 $A(x_1,\ y_1)$，$B(x_2,\ y_2)$ を通る場合は，傾き $m=\dfrac{y_1-y_2}{x_1-x_2}$ だ。(ただし，$x_1\neq x_2$)

4.　2直線の平行条件と垂直条件

(1) $m_1=m_2$ のとき，平行　　(2) $m_1\cdot m_2=-1$ のとき，直交

(m_1，m_2 は2直線の傾き)

5.　点と直線の距離

点 $P(x_1,\ y_1)$ と直線 $ax+by+c=0$ との距離 h は

$$h=\frac{|ax_1+by_1+c|}{\sqrt{a^2+b^2}}$$

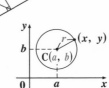

6.　円の方程式

$$(x-a)^2+(y-b)^2=r^2\quad(r>0)$$

(中心 $C(a,\ b)$，半径 r)

7.　円の接線

円 $x^2+y^2=r^2$ 上の点 $(x_1,\ y_1)$ における円の接線の方程式は

$$x_1x+y_1y=r^2$$

8.　動点 $P(x,\ y)$ の軌跡の方程式

動点 $P(x,\ y)$ の軌跡 $\equiv$ x と y の関係式

9.　領域と最大・最小

見かけ上の直線(または曲線)を利用して解く。

三角関数

加法定理・合成などの公式を使いこなそう！

- ▶三角関数の値を求める問題
- ▶三角方程式
- ▶三角不等式
- ▶三角関数の最大・最小問題

講義3 三角関数

それでは，これから“**三角関数**”の講義を始めよう。三角関数は，共通テスト数学**II**・**B**・**C**の必答問題としてほぼ毎年出題され，しかも難易度的にも手頃な問題が多いので，これを確実に，迅速に解いていくことが大事なんだね。そうすれば，他の問題も気分よく解いていくことができるからね。

ここで，まず初めに，共通テストでの“**三角関数**”の頻出分野・重要分野を列挙しておくから，まず頭に入れておこう。

- 三角関数の値を求める問題
- 三角方程式・三角不等式
- 三角関数の最大・最小問題

以上が，これから出題される可能性の高い分野なんだね。共通テストでは，限られた時間内に解答しなければいけないから，決して楽ではないよ。でも，以下の**3**項目，すなわち，

(i) 公式を使いこなし，計算を確実にすること
(ii) 典型的な解法パターンをマスターすること
(iii) 他分野(たとえば，**2**次関数や図形と方程式など)との融合問題にも対応できるように，総合的に学習すること。

に気を付けながら，これからの講義を受けて，その後演習問題を反復練習していけば，三角関数でも，確実に得点できるようになるはずだ。

● まず，三角関数の値を求める問題から始めよう！

それでは早速，三角関数の最初の問題を解いてみよう。公式をうまく乗り継いで，三角関数の値を求めることがポイントなんだよ。

演習問題 15	制限時間 4 分	難易度	CHECK1	CHECK2	CHECK3

$\tan\frac{\theta}{2}=-2$ のとき，$\tan\theta=\frac{\boxed{ア}}{\boxed{イ}}$ であり，

また，$\cos 2\theta=\frac{\boxed{ウエ}}{\boxed{オカ}}$

ヒント！ $\tan\theta$ の加法定理 $\tan(\alpha+\beta)=\frac{\tan\alpha+\tan\beta}{1-\tan\alpha\tan\beta}$ を使えば，前半の問題は簡単に解けるはずだ。問題は，$\cos 2\theta$ をどうやって $\tan\theta$ の式で表すか，なんだ。公式 $1+\tan^2\theta=\frac{1}{\cos^2\theta}$ がポイントだよ。

解答＆解説

$\tan\frac{\theta}{2}=-2$ ……①

加法定理を利用すると，

$$\tan\theta=\frac{2\tan\frac{\theta}{2}}{1-\tan^2\frac{\theta}{2}}$$ ……② となる。

①を②に代入すると，$\tan\theta$ の値が分かるね。

$$\tan\theta=\frac{2\times(-2)}{1-(-2)^2}=\frac{-4}{-3}=\frac{4}{3}$$ ……………(答)（ア，イ）

ココがポイント

⇦公式

$\tan(\alpha+\beta)=\frac{\tan\alpha+\tan\beta}{1-\tan\alpha\tan\beta}$

の β に α を代入して，

$\tan 2\alpha=\frac{2\tan\alpha}{1-\tan^2\alpha}$ だね。

ここで，$2\alpha=\theta$ とおくと，

$\tan\theta=\frac{2\tan\frac{\theta}{2}}{1-\tan^2\frac{\theta}{2}}$ ……②

となる。

次，$\cos 2\theta$ の値を求めよう。

$\cos 2\theta$ については，倍角の公式を用いると，

$\cos 2\theta = 2\cos^2\theta - 1$……③ となる。

ここで，公式 $1+\tan^2\theta = \dfrac{1}{\cos^2\theta}$ $(\cos\theta \neq 0)$

を変形して，$\cos^2\theta = \dfrac{1}{1+\tan^2\theta}$ ……④

この④を③に代入すると，

$\cos 2\theta = 2\cdot\dfrac{1}{1+\tan^2\theta} - 1 = \dfrac{2}{1+\tan^2\theta} - 1$ だね。

これに $\tan\theta = \dfrac{4}{3}$ を代入して，

分子・分母に9をかけた！

$$\cos 2\theta = \frac{2}{1+\left(\frac{4}{3}\right)^2} - 1 = \frac{2\times 9}{9+16} - 1$$

$$= \frac{18-25}{25} = \frac{-7}{25}$$ ……………………………(答)(ウエ，オカ)

⇦ $\cos 2\theta$ の2倍角の公式は，
$\cos 2\theta = \cos^2\theta - \sin^2\theta$
これを使った。→ $= 2\cos^2\theta - 1$
$= 1 - 2\sin^2\theta$
の3通りだ。

⇦ これで，無事に $\cos 2\theta$ を $\tan\theta$ で表せた！

どう？ 易しかった？ これを難しく感じる人は，まだ公式を上手に使いこなせないはずだ。日を変えて，**4** 分以内に解けるように頑張ってくれ。ここで，三角関数の重要公式をまとめて書いておくから，自信のない人はもう **1** 度記憶をリフレッシュしておくといいよ。

三角関数の重要公式

1. 三角関数の **3** つの基本公式

(1) $\cos^2\theta + \sin^2\theta = 1$　(2) $\tan\theta = \dfrac{\sin\theta}{\cos\theta}$　(3) $1+\tan^2\theta = \dfrac{1}{\cos^2\theta}$

2. 加法定理

(1) $\begin{cases} \sin(\alpha+\beta)=\sin\alpha\cos\beta+\cos\alpha\sin\beta \\ \sin(\alpha-\beta)=\sin\alpha\cos\beta-\cos\alpha\sin\beta \end{cases}$

サイタ・コスモス・コスモス・サイタ
sin cos cos sin

(2) $\begin{cases} \cos(\alpha+\beta)=\cos\alpha\cos\beta-\sin\alpha\sin\beta \\ \cos(\alpha-\beta)=\cos\alpha\cos\beta+\sin\alpha\sin\beta \end{cases}$

コスモス・コスモス・サイタ・サイタ
cos cos sin sin

(3) $\begin{cases} \tan(\alpha+\beta)=\dfrac{\tan\alpha+\tan\beta}{1-\tan\alpha\tan\beta} \\ \tan(\alpha-\beta)=\dfrac{\tan\alpha-\tan\beta}{1+\tan\alpha\tan\beta} \end{cases}$

$\dfrac{\text{タン}+\text{タン}}{1-\text{タン}\cdot\text{タン}}$

$\dfrac{\text{タン}-\text{タン}}{1+\text{タン}\cdot\text{タン}}$ と覚えよう！

3. 2倍角の公式

(1) $\sin2\alpha=2\sin\alpha\cos\alpha$

(2) $\cos2\alpha=\cos^2\alpha-\sin^2\alpha=2\cos^2\alpha-1=1-2\sin^2\alpha$

(3) $\tan2\alpha=\dfrac{2\tan\alpha}{1-\tan^2\alpha}$

2倍角の公式から
半角の公式は導ける！

4. 半角の公式

(1) $\cos^2\alpha=\dfrac{1+\cos2\alpha}{2}$ (2) $\sin^2\alpha=\dfrac{1-\cos2\alpha}{2}$

5. 3倍角の公式

(1) $\sin3\alpha=3\sin\alpha-4\sin^3\alpha$ (2) $\cos3\alpha=4\cos^3\alpha-3\cos\alpha$

6. 三角関数の合成

$a\sin\theta+b\cos\theta=\sqrt{a^2+b^2}\sin(\theta+\alpha)$

ただし，$\cos\alpha=\dfrac{a}{\sqrt{a^2+b^2}}$ ，$\sin\alpha=\dfrac{b}{\sqrt{a^2+b^2}}$

実は，$\cos 2\theta$ や $\sin 2\theta$ を $\tan\theta$ で表す公式もあるんだね。

7. $\cos 2\theta$ と $\sin 2\theta$ を $\tan\theta$ で表す公式

(1) $\cos 2\theta = \dfrac{1-\tan^2\theta}{1+\tan^2\theta}$ (2) $\sin 2\theta = \dfrac{2\tan\theta}{1+\tan^2\theta}$

これを演習問題 15 に使ってもいいよ！

この証明を簡単に入れておくよ。

(1) $\cos 2\theta = \cos^2\theta - \sin^2\theta = \cos^2\theta\left(1 - \dfrac{\sin^2\theta}{\cos^2\theta}\right)$

（$\cos^2\theta = \dfrac{1}{1+\tan^2\theta}$，$\dfrac{\sin^2\theta}{\cos^2\theta} = \tan^2\theta$）

無理やり $\cos^2\theta$ をくくり出す！

$= \dfrac{1}{1+\tan^2\theta}(1-\tan^2\theta) = \dfrac{1-\tan^2\theta}{1+\tan^2\theta}$

(2) $\sin 2\theta = 2\sin\theta\cos\theta = 2\cdot\dfrac{\sin\theta}{\cos\theta}\cos^2\theta$

（$\dfrac{\sin\theta}{\cos\theta} = \tan\theta$，$\cos^2\theta = \dfrac{1}{1+\tan^2\theta}$）

$\cos\theta$ で割った分 $\cos\theta$ をかける！

$= 2\tan\theta\cdot\dfrac{1}{1+\tan^2\theta} = \dfrac{2\tan\theta}{1+\tan^2\theta}$ どう？ 納得いった？

以上の公式は，覚えたら後はどんどん使っていってくれ。公式は，問題を解く上で便利な道具なんだから，ウマク使いこなすことが大事なんだ。

それでは，もう 1 題，三角関数の値を求める問題を解いてみよう。これで，三角関数の公式の使い方にさらに慣れるはずだよ。

● 三角関数の値と，最大・最小の融合問題だ！

次の問題は，過去に出題された問題だよ。前半は，三角関数の値を求める問題だけど，後半は三角関数の最大・最小問題になっている。比較的解きやすい問題なので，制限時間内に解けるよう，頑張ってみてごらん。

演習問題 16	制限時間 8 分	難易度 ☆	CHECK1	CHECK2	CHECK3

(1) $0° < \theta < 90°$ とする。

$\tan\theta + \dfrac{1}{\tan\theta} = \dfrac{\boxed{ア}}{\sin\boxed{イ}\theta}$，$\tan\theta - \dfrac{1}{\tan\theta} = \dfrac{\boxed{ウエ}\cos\boxed{オ}\theta}{\sin\boxed{カ}\theta}$

であり，これらを用いて $\tan 15°$ を求めると，

$\tan 15° = \boxed{キ} - \sqrt{\boxed{ク}}$ である。

(2) θ が $15° \leqq \theta \leqq 60°$ の範囲を動くとき，$\tan\theta + \dfrac{1}{\tan\theta}$ は

$\theta = \boxed{ケコ}°$ のとき最小値 $\boxed{サ}$，

$\theta = \boxed{シス}°$ のとき最大値 $\boxed{セ}$ をとる。

ヒント！ (1) では，2 倍角の公式を使って，$\tan\theta + \dfrac{1}{\tan\theta}$ と $\tan\theta - \dfrac{1}{\tan\theta}$ を計算し，これらの和をとって，$\tan 15°$ を求めればいい。(2) では，$\tan\theta + \dfrac{1}{\tan\theta}$ を計算した結果，分子が定数になることに注意しよう。

解答＆解説

(1) $0° < \theta < 90°$ のとき，$\tan\theta > 0$

(i) $\tan\theta + \dfrac{1}{\tan\theta} = \dfrac{\sin\theta}{\cos\theta} + \dfrac{\cos\theta}{\sin\theta}$ （$\dfrac{\cos\theta}{\sin\theta}$：$\tan\theta$ の逆数）

$= \dfrac{\sin^2\theta + \cos^2\theta}{\sin\theta\cos\theta} = \dfrac{1}{\sin\theta\cos\theta}$ （$\sin^2\theta + \cos^2\theta = 1$，$\sin\theta\cos\theta = \dfrac{1}{2}\sin 2\theta$）

ココがポイント

⇦公式 $\tan\theta = \dfrac{\sin\theta}{\cos\theta}$

⇦2 倍角の公式 $\sin 2\theta = 2\sin\theta\cos\theta$

(ⅰ) $\tan\theta+\dfrac{1}{\tan\theta}=\dfrac{1}{\frac{1}{2}\sin2\theta}=\dfrac{2}{\sin2\theta}$ ……①…(答)(ア, イ)

(ⅱ) $\tan\theta-\dfrac{1}{\tan\theta}=\dfrac{\sin\theta}{\cos\theta}-\dfrac{\cos\theta}{\sin\theta}$

$=\dfrac{\sin^2\theta-\cos^2\theta}{\sin\theta\cos\theta}=\dfrac{-(\cos^2\theta-\sin^2\theta)}{\sin\theta\cos\theta}$ （$\cos^2\theta-\sin^2\theta=\cos2\theta$，$\sin\theta\cos\theta=\frac{1}{2}\sin2\theta$）

⇦2倍角の公式
$\cos2\theta=\cos^2\theta-\sin^2\theta$
$\sin2\theta=2\sin\theta\cos\theta$
を使う！

$=\dfrac{-\cos2\theta}{\frac{1}{2}\sin2\theta}=\dfrac{-2\cos2\theta}{\sin2\theta}$ ……②……………(答)(ウエ, オ, カ)

以上(ⅰ)(ⅱ)より，

$$\begin{cases}(\text{i})\ \tan\theta+\dfrac{1}{\tan\theta}=\dfrac{2}{\sin2\theta} & \cdots\cdots①\\ (\text{ii})\ \tan\theta-\dfrac{1}{\tan\theta}=\dfrac{-2\cos2\theta}{\sin2\theta} & \cdots\cdots②\end{cases}$$ だね。

ここで，①＋②を実行して，

⇦$\dfrac{1}{\tan\theta}$の項を消す！

$2\tan\theta=\dfrac{2}{\sin2\theta}-\dfrac{2\cos2\theta}{\sin2\theta}$

$\tan\theta=\dfrac{1-\cos2\theta}{\sin2\theta}$ ……③ となる。

⇦$\theta=15°$のとき，
$2\theta=30°$より，
$\cos2\theta$も，$\sin2\theta$
も，その値が分かる！

ここで，③に$\theta=15°$を代入すると，

$\tan15°=\dfrac{1-\cos30°}{\sin30°}=\dfrac{1-\frac{\sqrt{3}}{2}}{\frac{1}{2}}$ （分子・分母に2をかけて）

$\therefore\ \tan15°=2-\sqrt{3}$ ……………………(答)(キ, ク)

(2) $15° \leqq \theta \leqq 60°$ のとき,

$\tan\theta + \dfrac{1}{\tan\theta} = \dfrac{2}{\sin 2\theta}$ の最大・最小を調べる。

> $\dfrac{2}{\sin 2\theta}$ は分子が正の定数より，分母の $\sin 2\theta\ (>0)$ に着目して,
> (i) $\sin 2\theta$ が最大のとき, $\dfrac{2}{\sin 2\theta}$ は最小になり,
> (ii) $\sin 2\theta$ が最小のとき, $\dfrac{2}{\sin 2\theta}$ は最大になる。

ここで, $30° \leqq 2\theta \leqq 120°$ より,

$\dfrac{1}{2} \leqq \sin 2\theta \leqq 1$ となる。

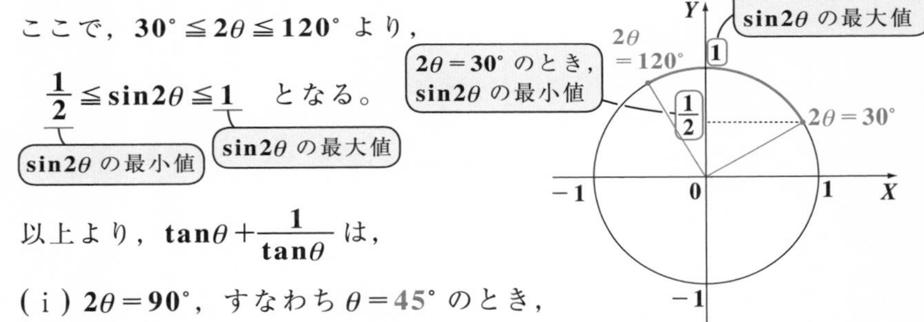

以上より, $\tan\theta + \dfrac{1}{\tan\theta}$ は,

(i) $2\theta = 90°$, すなわち $\theta = 45°$ のとき,

最小値 $\dfrac{2}{\sin 90°} = \dfrac{2}{1} = 2$ をとる。 ………(答)
(ケコ, サ)

(ii) $2\theta = 30°$, すなわち $\theta = 15°$ のとき,

最大値 $\dfrac{2}{\sin 30°} = \dfrac{2}{\frac{1}{2}} = 4$ をとる。 ………(答)
(シス, セ)

$\tan 15°$ については, 一般には $\tan(45° - 30°) = \dfrac{\tan 45° - \tan 30°}{1 + \tan 45° \tan 30°}$ などとして値を求めるんだけれど, 今回は問題の導入に従ったんだね。また, 今回の最大・最小問題では, 分母に着目することがポイントだったんだね。

● 三角方程式の問題にチャレンジしよう！

次の問題は過去に出題された問題で，比較的解きやすい三角方程式の問題だ。未知数 θ 以外に，正の定数 a が入ってきているところに注意が必要だね。

演習問題 17	制限時間 8 分	難易度 ★	CHECK1	CHECK2	CHECK3

a を正の定数とし，角 θ の関数 $f(\theta)=\sin(a\theta)+\sqrt{3}\cos(a\theta)$ を考える。

(1) $f(\theta)=$ ア $\sin(a\theta+$ イウ $°)$ である。

(2) $f(\theta)=0$ を満たす正の角 θ のうち最小のものは，$\dfrac{\text{エオカ}°}{a}$ であり，

小さい方から数えて **4** 番目と **5** 番目のものは，

それぞれ $\dfrac{\text{キクケ}°}{a}$，$\dfrac{\text{コサシ}°}{a}$ である。

(3) $0°\leqq\theta\leqq180°$ の範囲で，$f(\theta)=0$ を満たす θ がちょうど **4** 個存在

するような a の範囲は，$\dfrac{\text{スセ}}{\text{ソ}}\leqq a<\dfrac{\text{タチ}}{\text{ツ}}$ である。

ヒント！ (1) は，三角関数の合成を行えばいい。(2) の三角方程式では，$\sin x=0$ をみたす x で，$x>60°$ の場合，(2) $x=180°$，$360°$，$540°$，…が解になることに注意すればいいんだね。頑張って，解いてごらん。

解答＆解説

ココがポイント

$f(\theta)=\sin(a\theta)+\sqrt{3}\cos(a\theta)$ （a: 正の定数）

について，三角関数の合成を行うと，

(1) $f(\theta)=1\cdot\sin(a\theta)+\sqrt{3}\cdot\cos(a\theta)$

$=2\left\{\dfrac{1}{2}\sin(a\theta)+\dfrac{\sqrt{3}}{2}\cos(a\theta)\right\}$

（$\dfrac{1}{2}$：$\cos60°$，$\dfrac{\sqrt{3}}{2}$：$\sin60°$）

$=2\{\sin(a\theta)\cdot\cos60°+\cos(a\theta)\cdot\sin60°\}$

⇦ 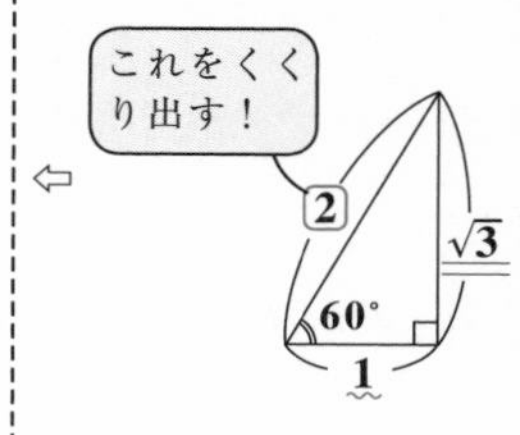

$\therefore f(\theta)=2\sin(a\theta+60^\circ)$ となる。……(答)(ア, イウ)

⇦加法定理
$\sin(\alpha+\beta)$
$=\sin\alpha\cos\beta+\cos\alpha\sin\beta$
を使った！

Babaのレクチャー

三角関数の合成

$$a\cdot\sin x+b\cdot\cos x=\sqrt{a^2+b^2}\sin(x+\alpha)$$

$$\left(\text{ただし, }\cos\alpha=\frac{a}{\sqrt{a^2+b^2}},\ \sin\alpha=\frac{b}{\sqrt{a^2+b^2}}\right)$$

$\sqrt{a^2+b^2}$, b, a, α

(2) 三角方程式 $f(\theta)=0$, すなわち,

$2\sin(a\theta+60^\circ)=0$ の両辺を 2 で割って,

$\sin(a\theta+60^\circ)=0$ ……①

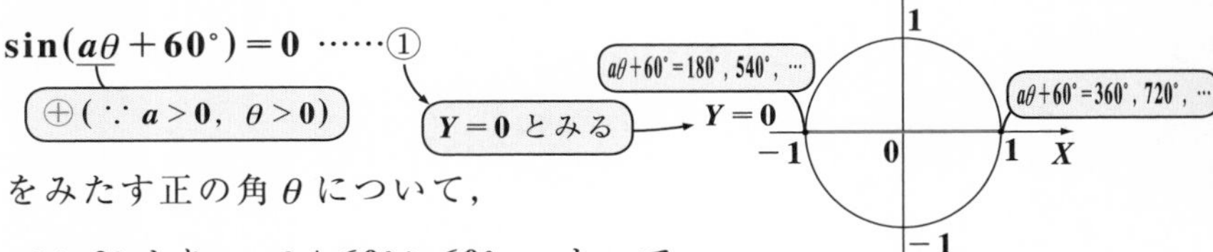

をみたす正の角 θ について,

$a\theta>0^\circ$ より, $a\theta+60^\circ>60^\circ$ よって,

$a\theta+60^\circ=180^\circ$, $180^\circ\times2$, $180^\circ\times3$, $180^\circ\times4$, $180^\circ\times5$, $180^\circ\times6$, …

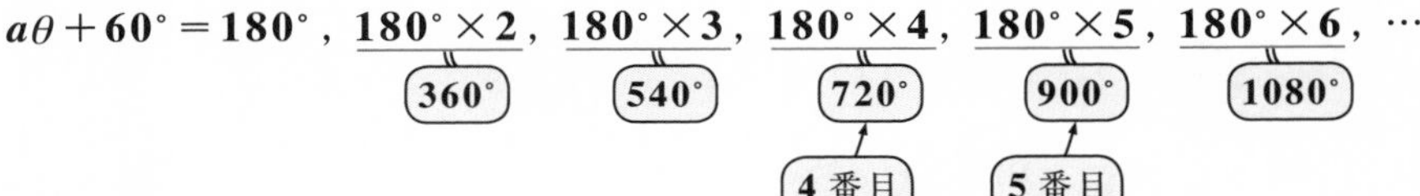

となる。

・よって, このうち最小のものは,

$a\theta+60^\circ=180^\circ$, $a\theta=120^\circ$

$\therefore \theta=\dfrac{120^\circ}{a}$ である。……………………(答)(エオカ)

・また, 小さい方から数えて4番目と5番目のものは, それぞれ,

$a\theta+60^\circ=720^\circ$ $\therefore \theta=\dfrac{660^\circ}{a}$ と

$a\theta+60^\circ=900^\circ$ $\therefore \theta=\dfrac{840^\circ}{a}$ である。

……………(答)(キクケ, コサシ)

Babaのレクチャー

$a\theta+60°=180°,\ 360°,\ 540°,\ 720°,\ 900°,\ 1080°,\ \cdots$ より，

解 θ を小さい順に並べると，

$\theta=\dfrac{120°}{a},\ \dfrac{300°}{a},\ \dfrac{480°}{a},\ \dfrac{660°}{a},\ \dfrac{840°}{a},\ \dfrac{1020°}{a},\ \cdots$ となる。

4 個の解

180° 以下　180° より大

よって，$0°\leqq\theta\leqq180°$ の範囲にちょうど4個の解をもつための条件は，

$\dfrac{660°}{a}\leqq180°<\dfrac{840°}{a}$ となるんだね。

(3) $f(\theta)=0$ の解は，小さい順に並べると，

$\theta=\dfrac{120°}{a},\ \dfrac{300°}{a},\ \dfrac{480°}{a},\ \dfrac{660°}{a},\ \dfrac{840°}{a},\ \cdots$

となる。

よって，$0°\leqq\theta\leqq180°$ の範囲にちょうど4個の解をもつための条件は，

$\dfrac{660°}{a}\leqq180°<\dfrac{840°}{a}$ である。

よって，各辺に $\dfrac{a}{180°}\ (>0)$ をかけてまとめると，

$\dfrac{660°}{\cancel{a}}\times\dfrac{\cancel{a}}{180°}\leqq a<\dfrac{840°}{\cancel{a}}\times\dfrac{\cancel{a}}{180°}$

$\dfrac{11}{3}\leqq a<\dfrac{14}{3}$ である。…………(答)(スセ，ソ，タチ，ツ)

どう？ このレベルの問題が共通テストでは出題されるんだよ。(3) も落ち着いて考えると，それ程難しくはなかったはずだ。

次も，三角方程式の過去問だよ。これでまた，三角方程式の解法の理解が深まると思うので，シッカリ考えながら解いていこう。

演習問題 18	制限時間 10 分	難易度	CHECK1	CHECK2	CHECK3

$0<\theta<\frac{\pi}{2}$ の範囲で $\sin 4\theta=\cos\theta$ ……①を満たす θ と $\sin\theta$ の値を求めよう。

一般に，すべての x について，$\cos x=\sin(\boxed{ア}-x)$ である。$\boxed{ア}$ に当てはまるものを，次の⓪～②のうちから一つ選べ。

⓪ π　① $\frac{\pi}{2}$　② $-\frac{\pi}{2}$

したがって，①が成り立つとき，$\sin 4\theta=\sin(\boxed{ア}-\theta)$ となり，

$0<\theta<\frac{\pi}{2}$ の範囲で 4θ，$\boxed{ア}-\theta$ のとり得る値の範囲を考えれば，

$4\theta=\boxed{ア}-\theta$ または $4\theta=\pi-(\boxed{ア}-\theta)$ となる。よって，①を満たす θ は $\theta=\frac{\pi}{\boxed{イ}}$ または $\theta=\frac{\pi}{\boxed{ウエ}}$ である。

$\sin\frac{\pi}{\boxed{イ}}=\frac{\boxed{オ}}{\boxed{カ}}$ である。$\sin\frac{\pi}{\boxed{ウエ}}$ の値を求めよう。

①より $\boxed{キ}\sin 2\theta\cos 2\theta=\cos\theta$ となり，

この式の左辺を 2 倍角の公式を用いて変形すれば

$(\boxed{ク}\sin\theta-\boxed{ケ}\sin^3\theta)\cos\theta=\cos\theta$ となる。

ここで，$\cos\theta>0$ であるから

$\boxed{ケ}\sin^3\theta-\boxed{ク}\sin\theta+1=0$ ……②が成り立つ。

$\sin\theta=\frac{\boxed{オ}}{\boxed{カ}}$ は②を満たしている。

$\theta=\frac{\pi}{\boxed{ウエ}}$ とすると，$\sin\theta\neq\frac{\boxed{オ}}{\boxed{カ}}$ であるから，

$\boxed{コ}\sin^2\theta+\boxed{サ}\sin\theta-1=0$ となる。

ここで，$\sin\frac{\pi}{\boxed{ウエ}}>0$ より，$\sin\frac{\pi}{\boxed{ウエ}}=\frac{\boxed{シス}+\sqrt{\boxed{セ}}}{\boxed{ソ}}$ である。

ヒント！ ①を，$\sin 4\theta = \sin\left(\frac{\pi}{2} - \theta\right)$ と変形すると，$0 < \theta < \frac{\pi}{2}$ より，$4\theta = \frac{\pi}{2} - \theta$ だけでなく，$4\theta = \pi - \left(\frac{\pi}{2} - \theta\right)$ の場合もあることに気付くことが鍵だ。

解答＆解説

方程式 $\sin 4\theta = \cos\theta$ ……① $\left(0 < \theta < \frac{\pi}{2}\right)$
をみたす θ と $\sin\theta$ の値を求める。一般に，
$\cos x = \sin\left(\frac{\pi}{2} - x\right)$ が成り立つので，…(答) ① (ア)
①の $\cos\theta$ に $\sin\left(\frac{\pi}{2} - \theta\right)$ を代入して，
$\sin 4\theta = \sin\left(\frac{\pi}{2} - \theta\right)$ ……①′ となるね。
$0 < 4\theta < 2\pi$　$0 < \frac{\pi}{2} - \theta < \frac{\pi}{2}$

ここで，$0 < \theta < \frac{\pi}{2}$ より，
・$0 < 4\theta < 2\pi$ であり，
・$-\frac{\pi}{2} < -\theta < 0$ より，$0 < \frac{\pi}{2} - \theta < \frac{\pi}{2}$
第1象限の角

よって，右図より
$4\theta = \frac{\pi}{2} - \theta$ または $4\theta = \pi - \left(\frac{\pi}{2} - \theta\right)$ となる。

この意味は，たとえば，$\sin 4\theta = \sin\frac{\pi}{4}$ のとき
$0 < 4\theta < 2\pi$　$\frac{1}{\sqrt{2}}$
4θ は，$4\theta = \frac{\pi}{4}$ だけが答えではなく，
$4\theta = \pi - \frac{\pi}{4} = \frac{3}{4}\pi$ も答えとなるのと同様だね。

ココがポイント

⇦$\sin\left(\frac{\pi}{2} - \theta\right)$ は
$\frac{\pi}{2}$ が関係しているので，
・sin → cos
・$\theta = \frac{\pi}{6}$ と考えると，
$\sin\left(\frac{\pi}{2} - \theta\right) > 0$
から符号は変化しない。
つまり，
$\sin\left(\frac{\pi}{2} - \theta\right) = \cos\theta$
となるんだね。

⇦$0 < \theta < \frac{\pi}{2}$ の各辺に 4 をかけた。
⇦$0 < \theta < \frac{\pi}{2}$ の各辺に -1 をかけて $\frac{\pi}{2}$ をたした。

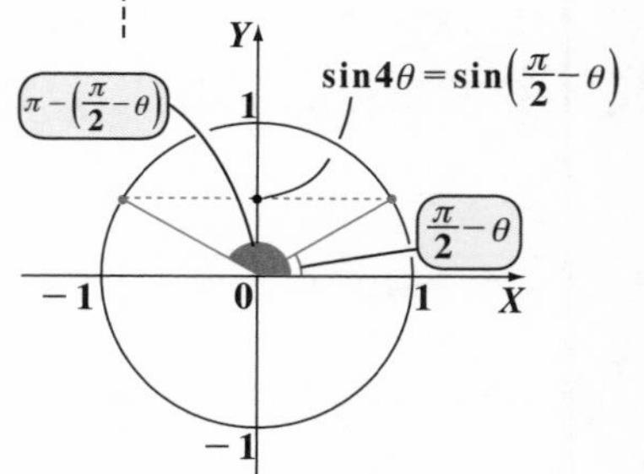

・$4\theta=\frac{\pi}{2}-\theta$ のとき，$5\theta=\frac{\pi}{2}$　∴ $\theta=\frac{\pi}{10}$

・$4\theta=\pi-\left(\frac{\pi}{2}-\theta\right)$ のとき，

$4\theta=\frac{\pi}{2}+\theta$　　$3\theta=\frac{\pi}{2}$　　∴ $\theta=\frac{\pi}{6}$

∴①をみたす θ の値は，

$\theta=\frac{\pi}{6}$ または $\theta=\frac{\pi}{10}$ である。………(答)(イ，ウエ)

(ⅰ) $\theta=\frac{\pi}{6}$ のとき，

$\sin\theta=\sin\frac{\pi}{6}=\frac{1}{2}$ である。………(答)(オ，カ)

(ⅱ) $\theta=\frac{\pi}{10}$ のとき，$\sin\theta$ の値を求めよう。

$\sin4\theta=\cos\theta$ ……①を変形して，

($\sin4\theta$ = $2\sin2\theta\cos2\theta$)

$2\sin2\theta\cdot\cos2\theta=\cos\theta$ ………………(答)(キ)

($\sin2\theta$ = $2\sin\theta\cos\theta$，$\cos2\theta$ = $1-2\sin^2\theta$)

$4\sin\theta\cos\theta(1-2\sin^2\theta)=\cos\theta$

$(4\sin\theta-8\sin^3\theta)\cos\theta=\cos\theta$ ……(答)(ク，ケ)

(⊕)　(⊕)

ここで，$\cos\theta=\cos\frac{\pi}{10}>0$ より，両辺を $\cos\theta$ で割って，

$4\sin\theta-8\sin^3\theta=1$

$8\sin^3\theta-4\sin\theta+1=0$ ……②となる。

⇦ $4\theta=\frac{\pi}{2}-\theta$ と
$4\theta=\pi-\left(\frac{\pi}{2}-\theta\right)$ の
2通りについて，
解 θ を求める。

⇦ 2倍角の公式
$\sin2\alpha=2\sin\alpha\cos\alpha$
($\alpha=2\theta$ と考えるんだね)

⇦ 2倍角の公式
$\cos2\theta=\cos^2\theta-\sin^2\theta$
$=1-2\sin^2\theta$
$=2\cos^2\theta-1$
の内，
$\cos2\theta=1-2\sin^2\theta$ を用いた。

講義1 方程式・式と証明
講義2 図形と方程式
講義3 三角関数

ここで，②の $\sin\theta$ を t とおくと，

$8t^3-4t+1=0$ ……②´

t の3次方程式で，$t=\frac{1}{2}$ を代入すると，
$8\cdot\left(\frac{1}{2}\right)^3-4\cdot\frac{1}{2}+1=1-2+1=0$ となってみたす。
よって，②´の左辺は，$t-\frac{1}{2}$ で割り切れる。

②´を変形して，

$(2t-1)(4t^2+2t-1)=0$

ここで，$t=\sin\theta=\sin\frac{\pi}{10}\neq\frac{1}{2}$ より，

両辺を $2t-1(\neq 0)$ で割って，

$\underset{a}{4}t^2+\underset{2b'}{2}t\underset{c}{-1}=0$ 　すなわち，

$4\sin^2\theta+2\sin\theta-1=0$ となる。………(答)(コ，サ)

t を $\sin\theta$ に戻した

これを解いて，

$\sin\theta=\frac{-1\pm\sqrt{1^2-4(-1)}}{4}=\frac{-1\pm\sqrt{5}}{4}$

ここで，$\sin\theta=\sin\frac{\pi}{10}>0$ より，

$\sin\frac{\pi}{10}=\frac{-1+\sqrt{5}}{4}$ である。………(答)(シス，セ，ソ)

⇦ $8\sin^3\theta-4\sin\theta+1=0$ ……②

⇦組立て除法

$$\begin{array}{r|rrrr} \frac{1}{2} & 8 & 0 & -4 & 1 \\ & \downarrow & 4 & 2 & -1 \\ \hline & 8 & 4 & -2 & (0) \end{array}$$

よって，②´は
$\left(t-\frac{1}{2}\right)(8t^2+4t-2)=0$
つまり，
$(2t-1)(4t^2+2t-1)=0$
と変形できる。

⇦2次方程式
$at^2+2b't+c=0$ の解
$t=\frac{-b'\pm\sqrt{b'^2-ac}}{a}$

⇦ $\sin\theta>0$ より
$\sin\theta=\frac{-1-\sqrt{5}}{4}(<0)$
は解ではないね。

どうだった？ 前半の考え方が難しかったかも知れないね。もちろん，理解するまでタップリ時間をかけてもいいよ。でも，納得いって自力で復習するときは，10分以内で解けるように努力してくれ。これが，共通テストのレベルだからだ。

次も，前問と考え方が似ている三角方程式の問題だ。このタイプの問題をボクは，“アーモンド・チョコ型の三角方程式”と呼んでいる。この意味については，Babaのレクチャーで詳しく解説しよう。

演習問題 19	制限時間 10 分	難易度 ★★	CHECK1	CHECK2	CHECK3

θ の三角方程式 $2\cos 2\theta + 2\sin\theta + a - 3 = 0$ ……① $(0° \leqq \theta < 360°)$

(a：実数定数) について，

$\sin\theta = t$ とおくと，①の方程式は次のようになる。

$\boxed{ア}t^2 - \boxed{イ}t + \boxed{ウ} = a$　$(\boxed{エオ} \leqq t \leqq \boxed{カ})$

これから，θ の三角方程式①が異なる 3 つの実数解をもつとき，

a の値は，$a = \boxed{キ}$ である。

ヒント！ ①の $\cos 2\theta$ は倍角の公式を使って $\cos 2\theta = 1 - 2\sin^2\theta$ とするんだね。後は，文字定数 a を含む方程式なので，この a を分離して [$\sin\theta$ の式] $= a$ の形にもち込み，さらに $\sin\theta$ を t とおけばいい。すると，アーモンド・チョコの問題になるんだよ。

解答＆解説

$2\cos 2\theta + 2\sin\theta + a - 3 = 0$ ……① $(0° \leqq \theta < 360°)$

$\cos 2\theta = (1 - 2\sin^2\theta)$

①を変形して，まとめるよ。

$2(1 - 2\sin^2\theta) + 2\sin\theta + a - 3 = 0$

$-4\sin^2\theta + 2\sin\theta - 1 + a = 0$

文字定数 → 分離

$4\sin^2\theta - 2\sin\theta + 1 = a$ ……②

ここで，$\sin\theta = t$ とおくと，②は，

$4t^2 - 2t + 1 = a$ ……③ となる。

ココがポイント

⇦ $\cos 2\theta = \cos^2\theta - \sin^2\theta$
$= 2\cos^2\theta - 1$
$= 1 - 2\sin^2\theta$
(これを使った！)

⇦ 文字定数 a を含む式は a を分離して，[$\sin\theta$ の式] $= a$ の形にする。

また，$0° \leqq \theta < 360°$ より，$-1 \leqq \sin\theta \leqq 1$ だから，

$-1 \leqq t \leqq 1$

以上より，$4t^2-2t+1=a$ ……③ $(-1 \leqq t \leqq 1)$ だ。

…………………………(答)

(ア, イ, ウ, エオ, カ)

Babaのレクチャー

これが，アーモンド・チョコの考え方だ！

③の解として，たとえば $t=\frac{1}{2}$ になったとするよ。つまり，$\sin\theta=\frac{1}{2}$ だね。ここで，$\sin\theta$ は XY 平面上の原点を中心とする単位円周上の Y 座標のことだから，右図のように，1つの t の解 $\frac{1}{2}$ に対して，$30°$ と $150°$ の2つの解 θ が対応することになるんだね。

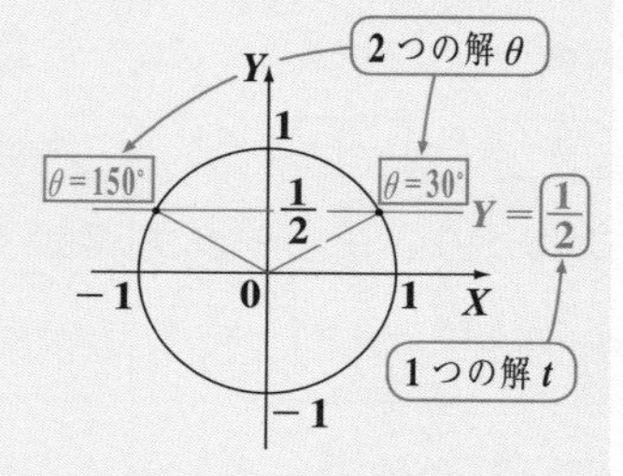

これが，アーモンド・チョコだ！ つまり，1つで2つ分だからだ！

もちろん，

$\begin{cases} \cdot\ t=\sin\theta=1 \text{ のとき，} \theta=90° \text{ の1つだけ} \\ \cdot\ t=\sin\theta=-1 \text{ のとき，} \theta=270° \text{ の1つだけ} \end{cases}$

が対応する場合もある。

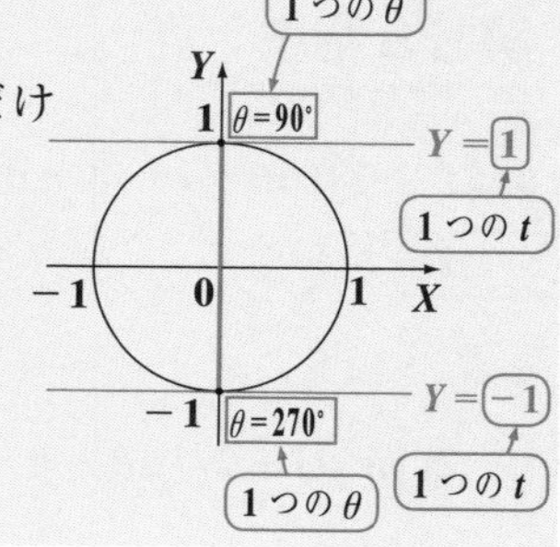

以上のことを頭に入れながら，これからの解答&解説をシッカリ聞いてくれ。

③を分解して，

$\begin{cases} y=f(t)=4t^2-2t+1 \text{ ……④ } (-1 \leqq t \leqq 1) \\ y=a \end{cases}$ とおくと，

($f(t)$：t の2次関数，$y=a$：t 軸に平行な直線)

⇦このように分解すると，ty 座標平面上での2次関数のグラフと直線の問題になるんだね。

③の実数解 t は，この2つのグラフの共有点の t 座標になるんだね。④を変形して，

$$y=4\left(t^2-\frac{1}{2}t+\frac{1}{16}\right)+1-\frac{1}{4}=4\left(t-\frac{1}{4}\right)^2+\frac{3}{4}$$

2で割って2乗　　$(-1\leqq t\leqq 1)$

よって，これは頂点 $\left(\frac{1}{4},\ \frac{3}{4}\right)$ の下に凸の，図1のような放物線の一部 $(-1\leqq t\leqq 1)$ になるね。

これと，直線 $y=a$ との交点の t 座標が，③の t の方程式の解なんだね。

ところが，Babaのレクチャーのところで解説したように，③が $t=\pm 1$ 以外，つまり，$-1<t<1$ の範囲に1つの解 $t=t_1$ をもったとすると，図2のように，それに対応して θ の方程式 $\sin\theta=t_1$ は θ_1 と θ_2 の2つの解をもつんだね。

そして，特殊な場合として，$t=1$ のとき $90°$，また $t=-1$ のとき $\theta=270°$ と，1つの t に対して1つの解 θ が対応したわけだ。

さァ，以上で，解答を導くための条件がすべて出そろったんだよ。

図3を見てくれ。$a=3$ のとき，③は $t=1$，t_2 の2つの解をもち，

$$\begin{cases} t=1 \text{ のとき，} \theta=90° \text{ の1つの解} \\ t=t_2 \text{ のとき，2つの解 } \theta \end{cases}$$ となって，

①は，合計3個の異なる実数解をもつことになるね。

よって，求める a の値は，$a=3$ ……………(答)(キ)

となるんだね。面白かった？

図1

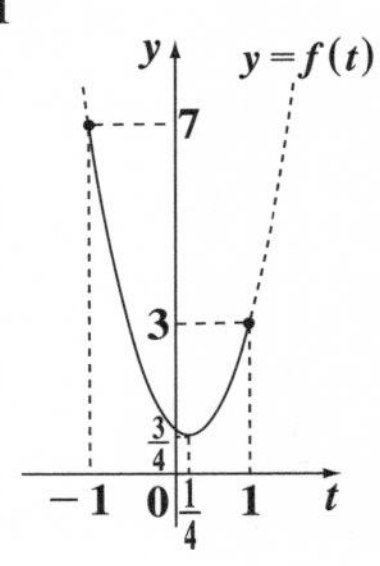

図2

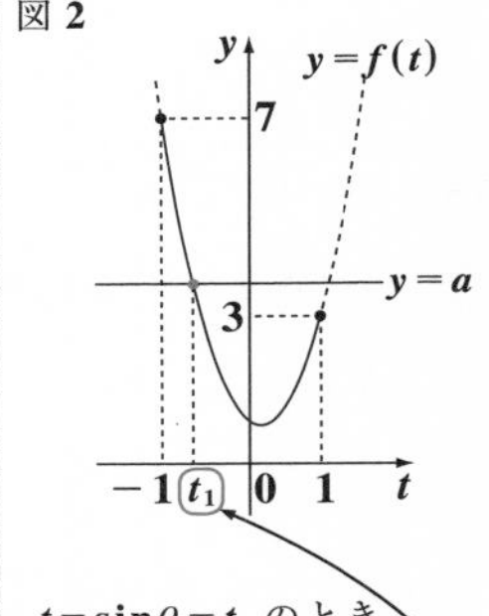

t=sinθ=t1 のとき

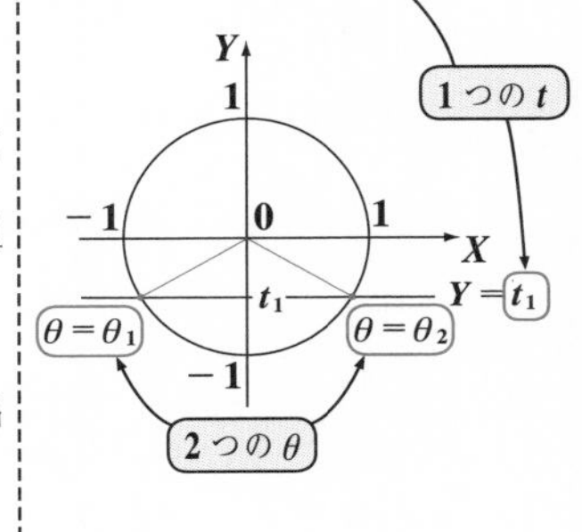

図3

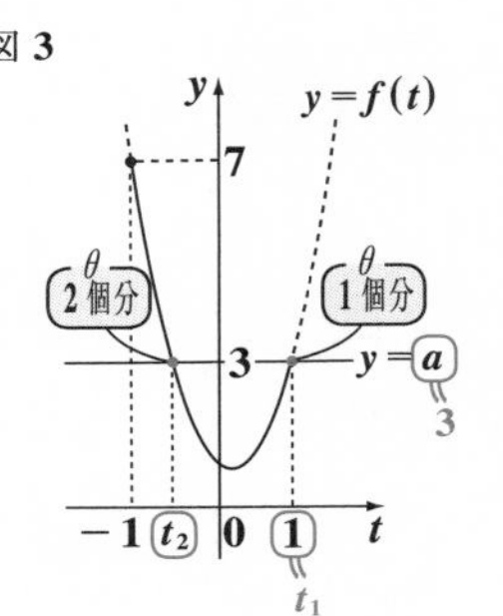

● 三角不等式の問題も解いてみよう！

次の問題は，ボクが過去問を少し改題したもので，**1** 次不等式と三角不等式の融合形式の問題だ。それ程，難しくはないので，自力でまず解いてみてごらん。

演習問題 20	制限時間 10 分	難易度	CHECK1	CHECK2	CHECK3

(1) 一般に A，B を定数とするとき，$x \geqq 0$ を満たすすべての x に対して，x の **1** 次不等式 $Ax+B>0$ が成り立つ条件は，

$A \geqq$ ［ア］ かつ $B>$ ［イ］ である。

(2) $x \geqq 0$ を満たすすべての x に対して，

不等式 $(x+1)\sin^2\alpha+(2x-1)\sin\alpha\cos\alpha-x\cos^2\alpha>0$ ……①

が成り立つような α の値の範囲を求めよう。

ただし，$0° \leqq \alpha \leqq 180°$ とする。

$x \geqq 0$ を満たすすべての x に対して，①が成り立つ条件は

$\sin$［ウ］$\alpha-\cos$［エ］$\alpha \geqq 0$ かつ $\sin$［オ］$\alpha-\sin\alpha\cos\alpha>0$

が成り立つことである。

これより，求める α の値の範囲は ［カキ］$° < \alpha \leqq \dfrac{［クケコ］°}{［サ］}$ である。

ヒント！ **(1)** $x \geqq 0$ をみたすすべての x が，$Ax+B>0$ をみたす条件は，グラフから $A \geqq 0$ かつ $B>0$ となることはすぐに分かるはずだ。**(2)** は，この結果を利用して，**2** つの連立の三角不等式にもち込めばいいんだよ。

解答＆解説

(1) $x \geqq 0$ を満たすすべての x が

$Ax+B>0$ ……㋐ （A，B：定数）

を満たすための条件は，右図から，

$A \geqq 0$ かつ $B>0$ である。……………(答)(ア，イ)

（A：傾き）（B：y 切片）

ココがポイント

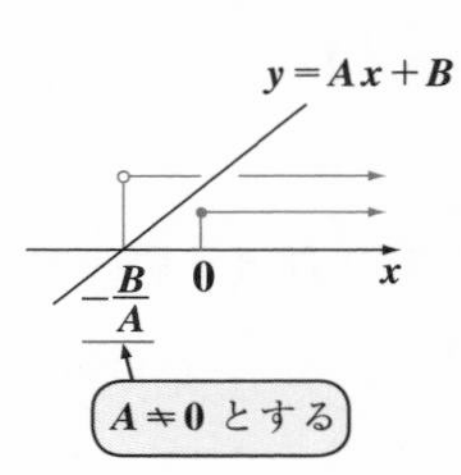

Babaのレクチャー

不等式 $Ax+B>0$ ……㋐ を分解して，

$$\begin{cases} y=f(x)=Ax+B & \leftarrow \text{傾き}A,\ y\text{切片}B\text{の直線} \\ y=0 & \leftarrow x\text{軸} \end{cases}$$

としよう。

ここで，$x \geqq 0$ のとき，$f(x)>0$ をみたす A，B の条件は次の2つだね。

図(i) $A>0$ かつ $B>0$

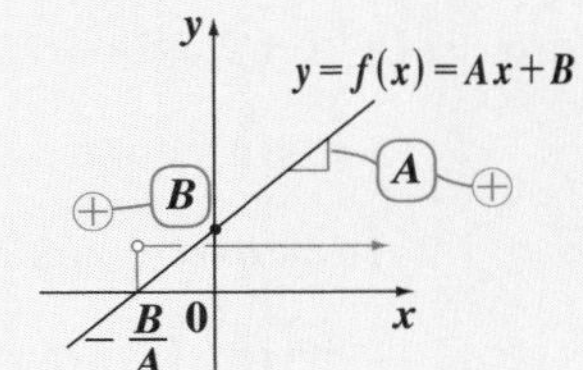

(i) $A>0$ かつ $B>0$ のとき，

図(i)に示すように，$f(x)>0$ をみたす x の範囲は，

$x>-\dfrac{B}{A}$ となって，（⊖の数）

$x \geqq 0$ のとき，$f(x)>0$ は，常に成り立つね。

図(ii) $A=0$ かつ $B>0$

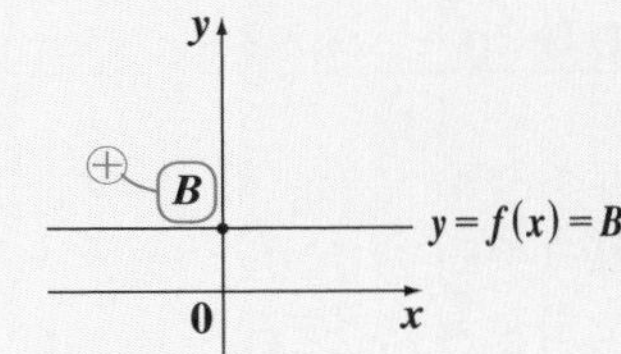

(ii) $A=0$ かつ $B>0$ のとき，

図(ii)に示すように，すべての x に対して $f(x)>0$ が成り立つので，当然 $x \geqq 0$ のときも $f(x)>0$ は成り立つ。

以上(i)(ii)より，$x \geqq 0$ のすべての x に対して，$f(x)>0$ が成り立つ条件は，$A \geqq 0$ かつ $B>0$ となるんだね。納得いった？

(2) $x \geqq 0$ を満たすすべての x について，

$$(x+1)\sin^2\alpha+(2x-1)\sin\alpha\cos\alpha-x\cos^2\alpha>0 \quad \cdots\cdots①$$
$$(0^\circ \leqq \alpha \leqq 180^\circ)$$

が成り立つような，α の条件を求めよう。

> ①を変形して，$Ax+B>0$ の形にすれば，$x \geqq 0$ を満たすすべての x が，これを満たす条件は，(1)より，$A \geqq 0$ かつ $B>0$ だね。

$(x+1)\cdot\sin^2\alpha+(2x-1)\sin\alpha\cos\alpha-x\cos^2\alpha>0$ …①

を変形して，

$$\underline{\underline{x}}\cdot\sin^2\alpha+\sin^2\alpha+2x\sin\alpha\cos\alpha$$
$$-\sin\alpha\cos\alpha-x\cos^2\alpha>0$$

$$\underline{\underline{x}}(\sin^2\alpha+2\sin\alpha\cos\alpha-\cos^2\alpha)$$
$$+\sin\alpha(\sin\alpha-\cos\alpha)>0$$

$$\{\underbrace{2\sin\alpha\cos\alpha}_{\sin2\alpha}-(\underbrace{\cos^2\alpha-\sin^2\alpha}_{\cos2\alpha})\}x$$
$$+\sin\alpha(\sin\alpha-\cos\alpha)>0$$

⇦2倍角の公式
・$\sin2\alpha=2\sin\alpha\cos\alpha$
・$\cos2\alpha=\cos^2\alpha-\sin^2\alpha$
を使う。

$$\therefore\ (\underbrace{\sin2\alpha-\cos2\alpha}_{A})x+\underbrace{\sin\alpha(\sin\alpha-\cos\alpha)}_{B}>0$$ ……①´

⇦$Ax+B>0$ の形にまとめた。

$x\geqq0$ となるすべての x が①´，すなわち①をみたすための条件は，(1) と同様に

(ⅰ) $\sin2\alpha-\cos2\alpha\geqq0$ …………②
かつ
(ⅱ) $\sin^2\alpha-\sin\alpha\cos\alpha>0$ ……③ となる。
(ただし，$0°\leqq\alpha\leqq180°$) ……(答) (ウ, エ, オ)

(ⅰ) $\underset{\sim}{1}\cdot\sin2\alpha-\underline{\underline{1}}\cdot\cos2\alpha\geqq0$ …②を変形して，

⇦三角関数の合成

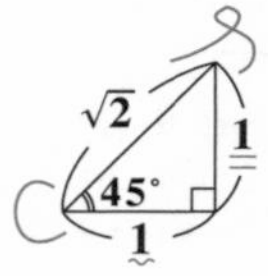

斜辺の $\sqrt{2}$ をくくり出す！

$$\sqrt{2}\left(\underbrace{\frac{1}{\sqrt{2}}}_{\cos45°}\sin2\alpha-\underbrace{\frac{1}{\sqrt{2}}}_{\sin45°}\cos2\alpha\right)\geqq0$$

$$\sqrt{2}(\sin2\alpha\cos45°-\cos2\alpha\sin45°)\geqq0$$

$$\sqrt{2}\sin(2\alpha-45°)\geqq0$$

両辺を $\sqrt{2}$ で割って，

$\sin(2\alpha - 45^\circ) \geqq 0$ → Y≧0 とみる

ここで，$0^\circ \leqq \alpha \leqq 180^\circ$ より，

$-45^\circ \leqq 2\alpha - 45^\circ \leqq 315^\circ$

よって，右図より，

$0^\circ \leqq 2\alpha - 45^\circ \leqq 180^\circ$

$\therefore \dfrac{45^\circ}{2} \leqq \alpha \leqq \dfrac{225^\circ}{2}$ …④ となる。

$2\alpha - 45^\circ = 180^\circ$　$2\alpha - 45^\circ = 0^\circ$　$Y = 0$

(ⅱ) $\underline{\sin\alpha}(\sin\alpha - \cos\alpha) > 0$ ……③について，
⊕

④より，$\sin\alpha > 0$

よって，③の両辺を $\sin\alpha$ で割って，

$1 \cdot \sin\alpha - 1 \cdot \cos\alpha > 0$

⇦三角関数の合成

$\sqrt{2}\left(\dfrac{1}{\sqrt{2}}\sin\alpha - \dfrac{1}{\sqrt{2}}\cos\alpha\right) > 0$

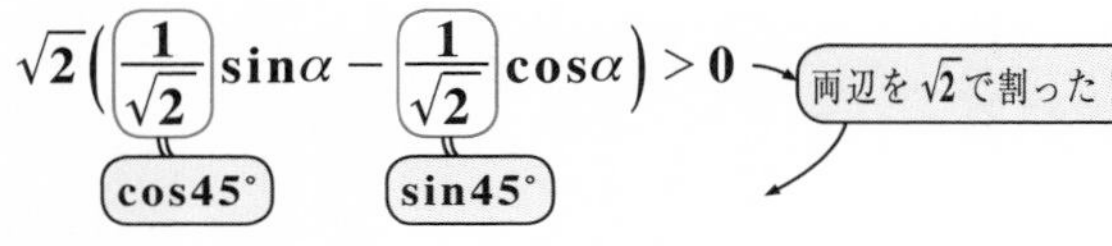

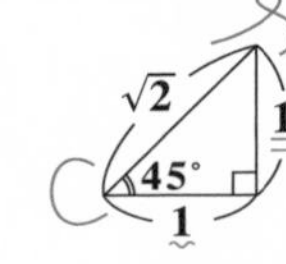

$\sin(\alpha - 45^\circ) > 0$ → Y>0 とみる

ここで，$0^\circ \leqq \alpha \leqq 180^\circ$ より，

$-45^\circ \leqq \alpha - 45^\circ \leqq 135^\circ$

よって，右図より，

$0^\circ < \alpha - 45^\circ \leqq 135^\circ$

$\therefore 45^\circ < \alpha \leqq 180^\circ$ ……⑤

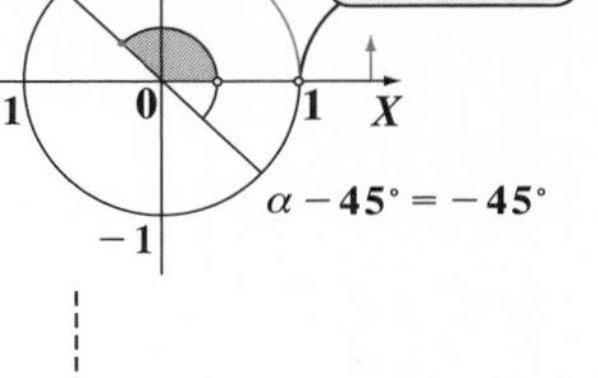

以上(ⅰ)(ⅱ)より，④，⑤の共通部分から，求めるαの値の範囲は，

⇦

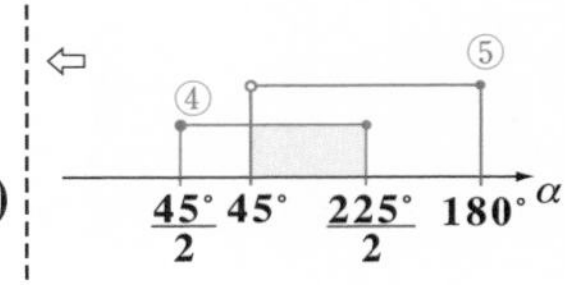

$45^\circ < \alpha \leqq \dfrac{225^\circ}{2}$ である。………(答)(カキ，クケコ，サ)

どう？ 自力で解けた？

● 三角関数の最大・最小問題も頻出だ！

三角関数の最大・最小問題も共通テストでは頻出なので，ここで，よく練習しておこう。これも，過去に出題された問題だよ。

演習問題 21	制限時間 7 分	難易度	CHECK1	CHECK2	CHECK3

$0° \leqq \theta < 360°$ のとき，$y = 2\sin\theta\cos\theta - 2\sin\theta - 2\cos\theta - 3$ とする。

$x = \sin\theta + \cos\theta$ とおくと，y は x の関数 $y = x^{\boxed{ア}} - \boxed{イ}x - \boxed{ウ}$

となる。$x = \sqrt{\boxed{エ}}\sin(\theta + \boxed{オカ}°)$ であるから，x の値の範囲は

$-\sqrt{\boxed{キ}} \leqq x \leqq \sqrt{\boxed{ク}}$ である。したがって，y は $\theta = \boxed{ケコサ}°$

のとき最大値 $\boxed{シ}(\sqrt{\boxed{ス}} - \boxed{セ})$ をとる。

ヒント！ 与えられた式 $y = 2\sin\theta\cos\theta - 2(\sin\theta + \cos\theta) - 3$ をみると，$\sin\theta$ と $\cos\theta$ のたし算とかけ算が入っているね。このたし算の方を $\sin\theta + \cos\theta = x$ とおくと，かけ算 $2\sin\theta \cdot \cos\theta$ は x の 2 次式で表されるんだ。したがって，y は x の 2 次関数になるんだよ。

解答＆解説

$$y = 2\sin\theta\cos\theta - 2(\underbrace{\sin\theta + \cos\theta}_{x}) - 3 \quad \cdots\cdots①$$
$$(0° \leqq \theta < 360°)$$

ここで，$x = \sin\theta + \cos\theta$ ……② とおく。

②の両辺を 2 乗して，

$x^2 = (\sin\theta + \cos\theta)^2$，$x^2 = 1 + 2\sin\theta\cos\theta$

よって，$2\sin\theta\cos\theta = x^2 - 1$ ……③

これは，$\sin\theta \cdot \cos\theta = \frac{1}{2}(x^2 - 1)$ とせず，この形の方がいい。

②，③を①に代入すると，$y = x^2 - 1 - 2x - 3$

ココがポイント

⇦ $(\sin\theta + \cos\theta)^2$
$= \sin^2\theta + 2\sin\theta\cos\theta + \cos^2\theta$
$= \underbrace{\sin^2\theta + \cos^2\theta}_{1} + 2\sin\theta\cos\theta$
$= 1 + 2\sin\theta\cos\theta$

$\therefore\ y = x^2 - 2x - 4$ ……④…………………(答)(ア, イ, ウ)

⇦これで，y は x の 2 次関数になった。後は，x の定義域を求めよう！

次に，②より，x のとり得る値の範囲を求めるよ。

$x = 1\cdot\sin\theta + 1\cdot\cos\theta$

$= \sqrt{2}\left(\dfrac{1}{\sqrt{2}}\sin\theta + \dfrac{1}{\sqrt{2}}\cos\theta\right)$

cos45°　sin45°

⇦三角関数の合成

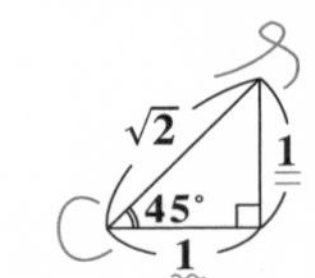

$= \sqrt{2}(\sin\theta\cdot\cos45^\circ + \cos\theta\cdot\sin45^\circ)$

$= \sqrt{2}\sin(\theta + 45^\circ)$ ……………………(答)(エ, オカ)

ここで，$0^\circ \leqq \theta < 360^\circ$ より，$45^\circ \leqq \theta + 45^\circ < 405^\circ$

よって，$-1 \leqq \sin(\theta + 45^\circ) \leqq 1$ より，

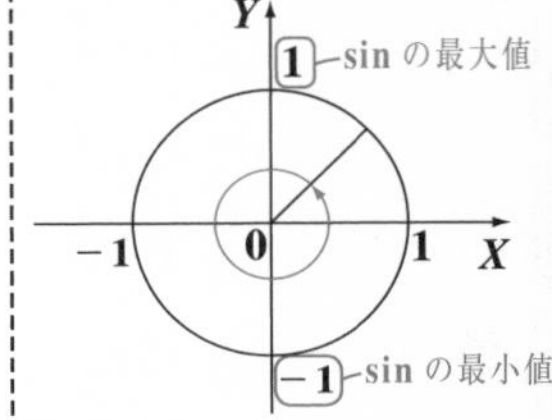

$-\sqrt{2} \leqq \sqrt{2}\sin(\theta + 45^\circ) \leqq \sqrt{2}$ だね。（$\sqrt{2}\sin(\theta + 45^\circ) = x$）

$\therefore\ -\sqrt{2} \leqq x \leqq \sqrt{2}$ ………………………………(答)(キ, ク)

④の 2 次関数を $y = f(x)$ とおくと，

$y = f(x) = x^2 - 2x - 4 \quad (-\sqrt{2} \leqq x \leqq \sqrt{2})$

⇦$f(x) = (x-1)^2 - 5$

よって，$y = f(x)$ は，右図のように，頂点 $(1,\ -5)$ の下に凸な放物線だね。

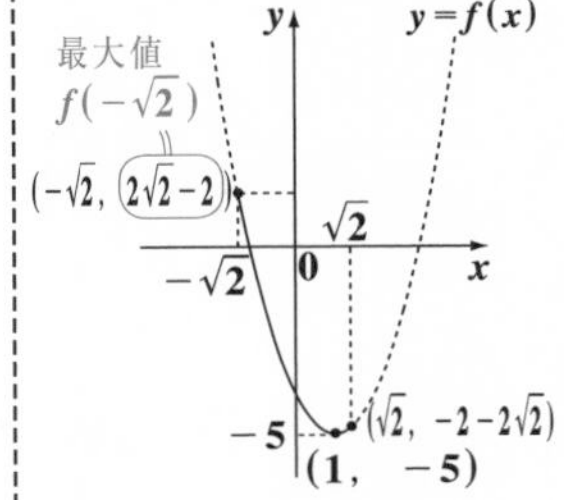

これから，$x = -\sqrt{2}$ のとき，$f(x)$ は最大になる。

ここで，$x = \sqrt{2}\sin(\theta + 45^\circ) = -\sqrt{2}$ より，

$\sin(\theta + 45^\circ) = -1$　　よって，$\theta + 45^\circ = 270^\circ$

$\therefore\ \theta = 225^\circ$ のとき，…………………………(答)(ケコサ)

最大値 $f(-\sqrt{2}) = (-\sqrt{2})^2 - 2\cdot(-\sqrt{2}) - 4$

$= 2(\sqrt{2} - 1)$……………(答)(シ, ス, セ)

となって，答えだ！

解けた？ これは，三角関数と 2 次関数を組み合わせた最大・最小の頻出典型問題なんだよ。是非マスターしておこう。

次も，三角関数の最大・最小問題だ。これも，過去に出題された問題なんだね。制限時間内で，解いてみよう。

演習問題 22	制限時間 8 分	難易度 ★★	CHECK 1	CHECK 2	CHECK 3

$-\frac{\pi}{2} \leqq \theta \leqq 0$ のとき，関数 $y = \cos 2\theta + \sqrt{3}\sin 2\theta - 2\sqrt{3}\cos\theta - 2\sin\theta$ の最小値を求めよう。$t = \sin\theta + \sqrt{3}\cos\theta$ とおくと，

$t^2 = \boxed{ア}\cos^2\theta + \boxed{イ}\sqrt{\boxed{ウ}}\sin\theta\cos\theta + \boxed{エ}$ であるから，

$y = t^2 - \boxed{オ}t - \boxed{カ}$ となる。また，$t = \boxed{キ}\sin\left(\theta + \frac{\pi}{\boxed{ク}}\right)$ である。

$\theta + \frac{\pi}{\boxed{ク}}$ のとり得る値の範囲は $-\frac{\pi}{\boxed{ケ}} \leqq \theta + \frac{\pi}{\boxed{ク}} \leqq \frac{\pi}{\boxed{ク}}$ であるから，t のとり得る値の範囲は $\boxed{コサ} \leqq t \leqq \sqrt{\boxed{シ}}$ である。

したがって，y は $t = \boxed{ス}$，すなわち $\theta = -\frac{\pi}{\boxed{セ}}$ のとき，最小値 $\boxed{ソタ}$ をとる。

ヒント！ y を t の 2 次関数にまとめ，t の定義域の範囲内で，y の最小値を求めればいいんだね。問題文の誘導に従って解いていけばいいんだね。

解答＆解説

$t = \sin\theta + \sqrt{3}\cos\theta$ ……① とおくと，

$t^2 = (\sin\theta + \sqrt{3}\cos\theta)^2$

$= 2\cos^2\theta + 2\sqrt{3}\sin\theta\cos\theta + 1$ ………②…………(答)(ア，イ，ウ，エ)

ここで，

$y = \underbrace{\cos 2\theta}_{2\cos^2\theta - 1} + \sqrt{3}\underbrace{\sin 2\theta}_{2\sin\theta\cos\theta} - 2\sqrt{3}\cos\theta - 2\sin\theta$ ← 2 倍角の公式

$= \underbrace{2\cos^2\theta + 2\sqrt{3}\sin\theta\cos\theta}_{t^2 - 1\text{（②より）}} - 2(\underbrace{\sin\theta + \sqrt{3}\cos\theta}_{t\text{（①より）}}) - 1$

これに①，②を代入してまとめると，

$y = t^2 - 2t - 2$ となる。…………(答)(オ，カ)

ココがポイント

⇦ $\underbrace{\sin^2\theta}_{1-\cos^2\theta} + 2\sqrt{3}\sin\theta\cos\theta + 3\cos^2\theta$
$= 2\cos^2\theta + 2\sqrt{3}\sin\theta\cos\theta + 1$

⇦ 2 倍角の公式を使って，y を t の 2 次関数で表せるんだね。

⇦ $y = t^2 - 1 - 2t - 1$

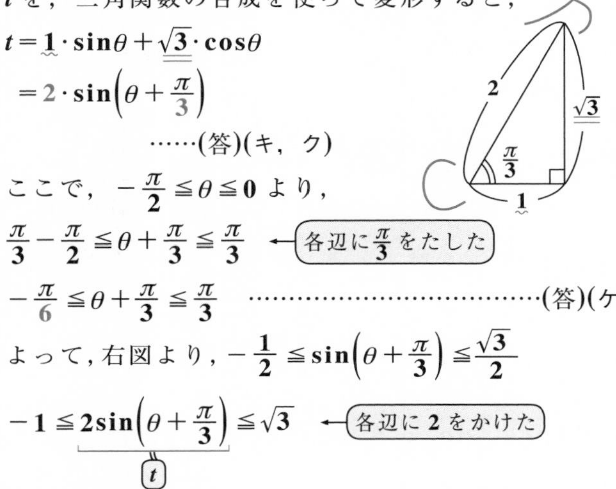

t を，三角関数の合成を使って変形すると，

$t = \underset{\sim}{1} \cdot \sin\theta + \sqrt{3} \cdot \cos\theta$

$\quad = 2 \cdot \sin\left(\theta + \dfrac{\pi}{3}\right)$

……(答)(キ，ク)

⇦三角関数の合成

$1 \cdot \sin\theta + \sqrt{3}\cos\theta$

$= 2\left(\dfrac{1}{2}\sin\theta + \dfrac{\sqrt{3}}{2}\cos\theta\right)$

（$\dfrac{1}{2} = \cos\dfrac{\pi}{3}$，$\dfrac{\sqrt{3}}{2} = \sin\dfrac{\pi}{3}$）

$= 2\left(\sin\theta\cos\dfrac{\pi}{3} + \cos\theta\sin\dfrac{\pi}{3}\right)$

$= 2\sin\left(\theta + \dfrac{\pi}{3}\right)$

ここで，$-\dfrac{\pi}{2} \leqq \theta \leqq 0$ より，

$\dfrac{\pi}{3} - \dfrac{\pi}{2} \leqq \theta + \dfrac{\pi}{3} \leqq \dfrac{\pi}{3}$ ←各辺に $\dfrac{\pi}{3}$ をたした

$-\dfrac{\pi}{6} \leqq \theta + \dfrac{\pi}{3} \leqq \dfrac{\pi}{3}$ ……………………………(答)(ケ)

よって，右図より，$-\dfrac{1}{2} \leqq \sin\left(\theta + \dfrac{\pi}{3}\right) \leqq \dfrac{\sqrt{3}}{2}$

$-1 \leqq \underbrace{2\sin\left(\theta + \dfrac{\pi}{3}\right)}_{t} \leqq \sqrt{3}$ ←各辺に 2 をかけた

$\therefore -1 \leqq t \leqq \sqrt{3}$ ……………………………(答)(コサ，シ)

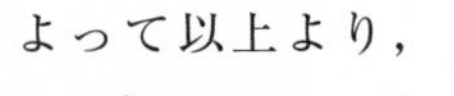

よって以上より，

$y = t^2 - 2t - 2 = (t-1)^2 - 3 \quad (-1 \leqq t \leqq \sqrt{3})$

となるので，右のグラフから，

$t = 1$，すなわち $\theta = -\dfrac{\pi}{6}$ のとき，　……(答)(ス，セ)

$t = 2\sin\left(\theta + \dfrac{\pi}{3}\right) = 1$ より，$\sin\left(\theta + \dfrac{\pi}{3}\right) = \dfrac{1}{2}$

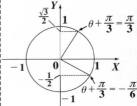

$\theta + \dfrac{\pi}{3} = \dfrac{\pi}{6}$ 　　$\therefore \theta = \dfrac{\pi}{6} - \dfrac{\pi}{3} = -\dfrac{\pi}{6}$

y は最小値 -3 をとる。 ……………………(答)(ソタ)

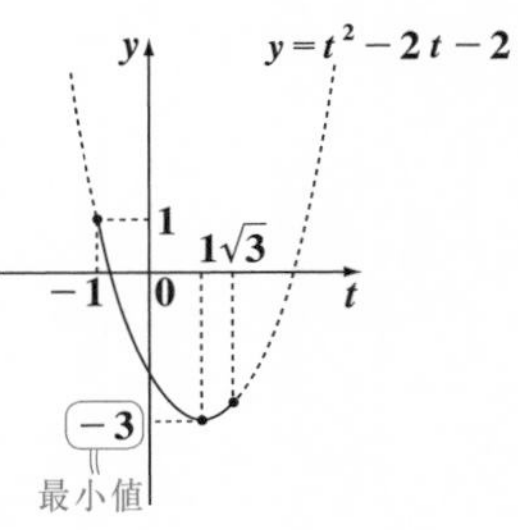

三角関数の最後の問題だ。これも，**2** 次関数と絡めた三角関数の最大・最小問題だ。場合分けも入っているけれど，頑張って制限時間内で解けるようになるまで，練習しよう！

演習問題 23	制限時間 12 分	難易度 ☆☆	CHECK1	CHECK2	CHECK3

座標平面上の 3 点 $A(-1,\ 0)$，$B(\cos\theta,\ \sin\theta)$，$C(\cos2\theta,\ \sin2\theta)$ について，θ が $0^\circ \leqq \theta \leqq 180^\circ$ の範囲を動くとき，$d = AC + BC$ の最大値と最小値を求めよう。

(1) $AC^2 = \boxed{ア} + 2\cos2\theta = \boxed{イ}\cos^2\theta$

$BC^2 = \boxed{ウ} - 2\cos\theta = \boxed{エ}\sin^2\dfrac{\theta}{2}$ であるから，

$d = \boxed{オ}\left|\cos\theta\right| + \boxed{カ}\sin\dfrac{\theta}{2}$ である。

(2) $t = \sin\dfrac{\theta}{2}$ とおく。

$0^\circ \leqq \theta \leqq 90^\circ$ のとき，$0 \leqq t \leqq \dfrac{\sqrt{\boxed{キ}}}{\boxed{ク}}$ であり，

$d = -\boxed{ケ}t^2 + \boxed{コ}t + 2$ である。

$90^\circ \leqq \theta \leqq 180^\circ$ のとき，$\dfrac{\sqrt{\boxed{キ}}}{\boxed{ク}} \leqq t \leqq 1$ であり，

$d = \boxed{ケ}t^2 + \boxed{コ}t - 2$ である。

したがって，d は $t = \dfrac{\sqrt{\boxed{サ}}}{\boxed{シ}}$ のとき最小値 $\sqrt{\boxed{ス}}$ をとり，

このときの θ の値は，$\boxed{セソ}^\circ$ である。

また，d は $t = \boxed{タ}$ のとき最大値 $\boxed{チ}$ をとり，

このときの θ の値は，$\boxed{ツテト}^\circ$ である。

ヒント！ (1) AC^2，BC^2 は，2点間の距離の公式を使えばいいよ。(2) $\cos\theta$ は，(i) $0°\leqq\theta\leqq 90°$ のときは0以上，(ii) $90°\leqq\theta\leqq 180°$ のときは0以下となるので，場合分けが必要となるんだね。

解答＆解説

3点 $A(-1,\ 0)$，$B(\cos\theta,\ \sin\theta)$，$C(\cos 2\theta,\ \sin 2\theta)$ $(0°\leqq\theta\leqq 180°)$ は，右図に示すように，原点Oを中心とする単位円の周上にある。

ここで，$d=AC+BC$ ……① とおいて，d を θ の式で表すことにする。

ココがポイント

$0°<2\theta<180°$ のとき

A，$(-1,\ 0)$，$C(\cos 2\theta,\ \sin 2\theta)$，$B(\cos\theta,\ \sin\theta)$，$180°-2\theta$，$\theta$，$\theta$，O，1，$x$，$y$

(1) • AC^2 について，$A(-1,\ 0)$，$C(\cos 2\theta,\ \sin 2\theta)$ より，

2点間の距離の公式を用いて，

⇦2点 $(a_1,\ b_1)$，$(a_2,\ b_2)$ 間の距離 d の2乗は，$d^2=(a_2-a_1)^2+(b_2-b_1)^2$

$$AC^2=(\cos 2\theta+1)^2+\sin^2 2\theta$$

$$=\underbrace{\cos^2 2\theta+\sin^2 2\theta}_{1}+2\cos 2\theta+1$$

$$=2+2\cos 2\theta \quad \cdots\cdots(答)(ア)$$

$$=2(\underbrace{1+\cos 2\theta}_{2\cos^2\theta})=4\cos^2\theta \quad \cdots\cdots(答)(イ)$$

⇦半角の公式 $\cos^2\theta=\dfrac{1+\cos 2\theta}{2}$

• BC^2 について，$B(\cos\theta,\ \sin\theta)$，$C(\cos 2\theta,\ \sin 2\theta)$ より，

$$BC^2=(\cos 2\theta-\cos\theta)^2+(\sin 2\theta-\sin\theta)^2$$

$$=\underbrace{\cos^2 2\theta+\sin^2 2\theta}_{1}+\underbrace{\cos^2\theta+\sin^2\theta}_{1}$$

$$-2(\underbrace{\cos 2\theta\cos\theta+\sin 2\theta\sin\theta}_{\cos(2\theta-\theta)})$$

⇦加法定理 $\cos\alpha\cos\beta+\sin\alpha\sin\beta=\cos(\alpha-\beta)$

$$=2-2\cos\theta \quad \cdots\cdots(答)(ウ)$$

$= 2(\underline{1-\cos\theta}) = 4\sin^2\frac{\theta}{2}$ ………………(答)(エ)

$2\sin^2\frac{\theta}{2}$

⇦半角の公式
$\sin^2\frac{\theta}{2} = \frac{1-\cos\theta}{2}$

以上より，$AC^2 = 4\cos^2\theta$，$BC^2 = 4\sin^2\frac{\theta}{2}$ だね。

ここで，$0° \leqq \theta \leqq 180°$ より，$0° \leqq \frac{\theta}{2} \leqq 90°$ から，

$\sin\frac{\theta}{2} \geqq 0$ だけれど，$\cos\theta$ は，⊕，0，⊖のいずれの値もとり得る。よって，①より，

$d = AC + BC = \sqrt{4\cos^2\theta} + \sqrt{4\sin^2\frac{\theta}{2}}$

$= 2|\underline{\cos\theta}| + 2\left|\underline{\sin\frac{\theta}{2}}\right|$

⊕，0，⊖　　0 以上

⇦公式 $\sqrt{A^2} = |A|$
を使った！

$= 2|\cos\theta| + 2\sin\frac{\theta}{2}$ となる。…………(答)(オ，カ)

⇦$\sin\frac{\theta}{2} \geqq 0$ より，
$\left|\sin\frac{\theta}{2}\right| = \sin\frac{\theta}{2}$
となる！

(2) $t = \sin\frac{\theta}{2}$ とおく。

(ⅰ) $0° \leqq \theta \leqq 90°$ のとき，$0 \leqq t \leqq \frac{\sqrt{2}}{2}$ (答)(キ，ク)

⇦$0° \leqq \frac{\theta}{2} \leqq 45°$ より，
$0 \leqq \sin\frac{\theta}{2} \leqq \frac{\sqrt{2}}{2}$

$\cos\theta \geqq 0$ より，$|\cos\theta| = \cos\theta$ なので，

$d = 2\underline{\cos\theta} + 2\underline{\sin\frac{\theta}{2}} = 2(1-2t^2) + 2t$

$1 - 2\sin^2\frac{\theta}{2} = 1 - 2t^2$　　t

⇦2 倍角の公式
$\cos2\alpha = 1 - 2\sin^2\alpha$
$\left(\alpha = \frac{\theta}{2}\right.$ の場合$\left.\right)$

$= -4t^2 + 2t + 2$ …………………(答)(ケ，コ)

$= -4\left(t - \frac{1}{4}\right)^2 + \frac{9}{4}$

⇦$-4\left(t^2 - \frac{1}{2}t + \frac{1}{16}\right)$
$+ 2 + \frac{1}{4}$

(ⅱ) $90° \leqq \theta \leqq 180°$ のとき，$\dfrac{\sqrt{2}}{2} \leqq t \leqq 1$

⇦ $45° \leqq \dfrac{\theta}{2} \leqq 90°$ より，$\dfrac{\sqrt{2}}{2} \leqq \sin\dfrac{\theta}{2} \leqq 1$

$\cos\theta \leqq 0$ より，$|\cos\theta| = -\cos\theta$ なので，

$$d = -2 \cdot \underset{1-2\sin^2\frac{\theta}{2}=1-2t^2}{\underline{\cos\theta}} + 2\underset{t}{\underline{\sin\frac{\theta}{2}}} = -2(1-2t^2) + 2t$$

$$= 4t^2 + 2t - 2$$

$$= 4\left(t + \frac{1}{4}\right)^2 - \frac{9}{4}$$

⇦ $4\left(t^2 + \dfrac{1}{2}t + \dfrac{1}{16}\right) - 2 - \dfrac{1}{4}$

以上 (ⅰ)(ⅱ) より，

$$d = \begin{cases} -4\left(t - \dfrac{1}{4}\right)^2 + \dfrac{9}{4} & \left(0 \leqq t \leqq \dfrac{\sqrt{2}}{2}\right) \\ 4\left(t + \dfrac{1}{4}\right)^2 - \dfrac{9}{4} & \left(\dfrac{\sqrt{2}}{2} \leqq t \leqq 1\right) \end{cases}$$

（$\dfrac{\sqrt{2}}{2}$ ≒ 0.7）

頂点 $\left(\dfrac{1}{4}, \dfrac{9}{4}\right)$ の上に凸な放物線
$t=0$ のとき，$d=2$，$t=\dfrac{\sqrt{2}}{2}$ のとき，$d=\sqrt{2}$

頂点 $\left(-\dfrac{1}{4}, -\dfrac{9}{4}\right)$ の下に凸な放物線
$t=\dfrac{\sqrt{2}}{2}$ のとき，$d=\sqrt{2}$，$t=1$ のとき，$d=4$

横軸 t 軸，たて軸 d 軸の td 座標平面上にこのグラフを描くと，このグラフより明らかに d は，

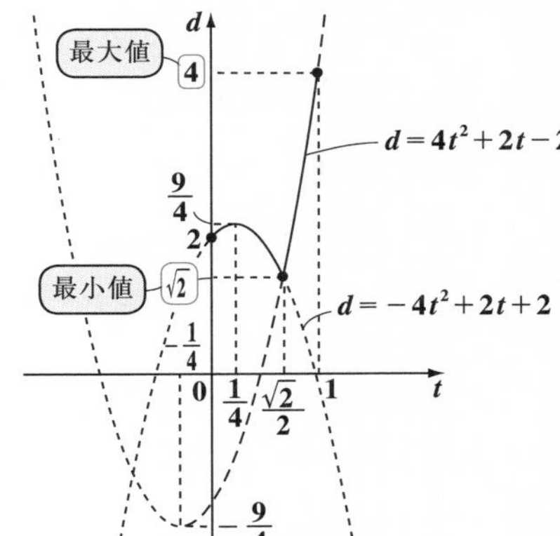

(ⅰ) $t = \sin\dfrac{\theta}{2} = \dfrac{\sqrt{2}}{2}$ のとき，すなわち，

$\dfrac{\theta}{2} = 45°$，$\theta = 90°$ のとき，

最小値 $d = \sqrt{2}$ をとり，

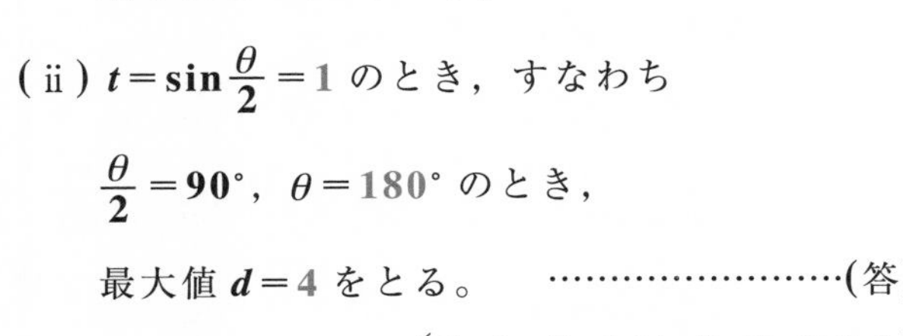

(ⅱ) $t = \sin\dfrac{\theta}{2} = 1$ のとき，すなわち

$\dfrac{\theta}{2} = 90°$，$\theta = 180°$ のとき，

最大値 $d = 4$ をとる。 ……………………(答)

(サ，シ，ス，セソ，タ，チ，ツテト)

講義3 ● 三角関数　公式エッセンス

1. 三角関数の3つの基本公式

(1) $\sin^2\theta+\cos^2\theta=1$　(2) $\tan\theta=\dfrac{\sin\theta}{\cos\theta}$　(3) $1+\tan^2\theta=\dfrac{1}{\cos^2\theta}$

2. 加法定理

(1) $\begin{cases}\sin(\alpha+\beta)=\sin\alpha\cos\beta+\cos\alpha\sin\beta\\ \sin(\alpha-\beta)=\sin\alpha\cos\beta-\cos\alpha\sin\beta\end{cases}$　(2) $\begin{cases}\cos(\alpha+\beta)=\cos\alpha\cos\beta-\sin\alpha\sin\beta\\ \cos(\alpha-\beta)=\cos\alpha\cos\beta+\sin\alpha\sin\beta\end{cases}$

(3) $\tan(\alpha+\beta)=\dfrac{\tan\alpha+\tan\beta}{1-\tan\alpha\tan\beta}$, $\tan(\alpha-\beta)=\dfrac{\tan\alpha-\tan\beta}{1+\tan\alpha\tan\beta}$

3. 2倍角の公式

(1) $\sin2\alpha=2\sin\alpha\cos\alpha$

(2) $\cos2\alpha=\cos^2\alpha-\sin^2\alpha=1-2\sin^2\alpha=2\cos^2\alpha-1$

4. 半角の公式

(1) $\sin^2\alpha=\dfrac{1-\cos2\alpha}{2}$　(2) $\cos^2\alpha=\dfrac{1+\cos2\alpha}{2}$

5. 3倍角の公式　（サインだから**3**で始まる！）　（コサインだから**4**で始まる！）

(1) $\sin3\theta=3\sin\theta-4\sin^3\theta$　(2) $\cos3\theta=4\cos^3\theta-3\cos\theta$

6. 三角関数の合成

$a\sin\theta+b\cos\theta=\sqrt{a^2+b^2}\sin(\theta+\alpha)\ \left(\cos\alpha=\dfrac{a}{\sqrt{a^2+b^2}},\ \sin\alpha=\dfrac{b}{\sqrt{a^2+b^2}}\right)$

7. 扇形の弧長と面積

(i) 円弧の長さ $l=r\theta$

(ii) 面積 $S=\dfrac{1}{2}r^2\theta$（角 θ の単位はラジアン）

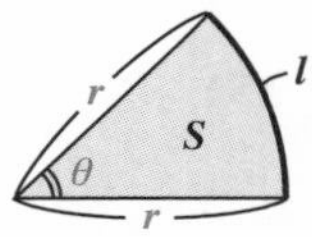

8. 積→和（差）の公式（左側），和（差）→積の公式（右側）

(i) $\sin\alpha\cos\beta=\dfrac{1}{2}\{\sin(\alpha+\beta)+\sin(\alpha-\beta)\}\iff\sin(\alpha+\beta)+\sin(\alpha-\beta)=2\sin\alpha\cos\beta$

(ii) $\cos\alpha\sin\beta=\dfrac{1}{2}\{\sin(\alpha+\beta)-\sin(\alpha-\beta)\}\iff\sin(\alpha+\beta)-\sin(\alpha-\beta)=2\cos\alpha\sin\beta$

(iii) $\cos\alpha\cos\beta=\dfrac{1}{2}\{\cos(\alpha+\beta)+\cos(\alpha-\beta)\}\iff\cos(\alpha+\beta)+\cos(\alpha-\beta)=2\cos\alpha\cos\beta$

(iv) $\sin\alpha\sin\beta=-\dfrac{1}{2}\{\cos(\alpha+\beta)-\cos(\alpha-\beta)\}\iff\cos(\alpha+\beta)-\cos(\alpha-\beta)=-2\sin\alpha\sin\beta$

指数・対数関数

指数・対数関数は他分野との融合に注意しよう！

- ▶指数・対数関数の値を求める問題
- ▶指数・対数方程式
- ▶指数・対数不等式
- ▶指数・対数関数の最大・最小問題

講義4 指数・対数関数

これから，“**指数・対数関数**”の講義を始めよう。この指数・対数関数も三角関数と同様に，共通テストでは必答問題なので，確実に得点できるように，準備しておかないといけないんだね。

それでは，まず初めに，“**指数・対数関数**”の中で，共通テストが狙ってきそうな分野を以下に挙げておこう。

・指数・対数関数の値を求める問題

・指数・対数方程式・不等式

・指数・対数関数の最大・最小問題

・指数・対数の大小関係

以上が，これから出題される可能性の高い分野なんだね。“指数・対数関数”も，“三角関数”と同様に，短い時間しか使えない割には，結構ハイレベルな問題も出題されるんだね。

でも，応用問題といっても，複数の基本的な要素が有機的に組み合わされたものに過ぎないわけだから，次のような手順で勉強することが，共通テストを攻略する鍵となるんだ。

(1) **1**つ**1**つの基本事項，基本公式を，易しい練習問題を通して，確実にマスターする。

(2) 頻出典型の応用問題を解くことにより，**1**つ**1**つの基本的な要素がどのようにつながっているのかに注意して，その解法の流れ(パターン)を覚えてしまう。

以上だよ。それでは，早速講義を始めよう！

● 指数・対数計算のウォーミング・アップ問題だ！

まず，基本的な指数計算と対数計算の練習から始めよう。次の問題を解いてみよう。

演習問題 24	制限時間4分	難易度 ☆	CHECK1	CHECK2	CHECK3

(1) 正の実数 a と x が，$a^x+a^{-x}=5$ を満たすとき，
$a^{\frac{x}{2}}+a^{-\frac{x}{2}}=\sqrt{\boxed{ア}}$ であり，$a^{\frac{3}{2}x}+a^{-\frac{3}{2}x}=\boxed{イ}\sqrt{\boxed{ウ}}$ である。

(2) $\log_5 169\cdot\log_7 25\cdot\log_{13} 343=\boxed{エオ}$ である。

ヒント！ (1) $a^{\frac{x}{2}}+a^{-\frac{x}{2}}=t$ とおいて，両辺を2乗すると話が見えてくる。
(2) 対数計算の公式 $\log_a x=\dfrac{\log_b x}{\log_b a}$ などをうまく使うんだよ。

解答&解説

(1) $a^x+a^{-x}=\underline{\underline{5}}$ ……① $(a>0,\ x>0)$

（ⅰ）$a^{\frac{x}{2}}+a^{-\frac{x}{2}}=t$ ……②とおいて，

②の両辺を2乗するよ。

$$\left(a^{\frac{x}{2}}+a^{-\frac{x}{2}}\right)^2=t^2$$

$$\left(a^{\frac{x}{2}}\right)^2+2\cdot a^{\frac{x}{2}}\cdot a^{-\frac{x}{2}}+\left(a^{-\frac{x}{2}}\right)^2=t^2$$

$a^{\frac{x}{2}\times2}=a^x$　　$a^{\frac{x}{2}}\times\dfrac{1}{a^{\frac{x}{2}}}=1$　　$a^{-\frac{x}{2}\times2}=a^{-x}$

$$\underline{\underline{a^x+a^{-x}}}+2=t^2 \quad\cdots\cdots③$$

①を③に代入して，$t^2=\underline{\underline{5}}+2=7$

ここで $t>0$ より，

$$t=a^{\frac{x}{2}}+a^{-\frac{x}{2}}=\sqrt{7}\quad\cdots\cdots\cdots\cdots(答)(ア)$$

（ⅱ）$a^{\frac{x}{2}}+a^{-\frac{x}{2}}=\sqrt{7}$ ……④とおいて，

④の両辺を3乗すると，

$$\left(a^{\frac{x}{2}}+a^{-\frac{x}{2}}\right)^3=7\sqrt{7}$$

ココがポイント

⇦ $a^{-x}=\dfrac{1}{a^x}$ のことだ。

⇦ $(\alpha+\beta)^2=\alpha^2+2\alpha\beta+\beta^2$ だね。

⇦ $a>0$ だから $a^{\frac{x}{2}}>0$，$a^{-\frac{x}{2}}>0$ $\therefore t=a^{\frac{x}{2}}+a^{-\frac{x}{2}}>0$ だ。

⇦ 公式 $(\alpha+\beta)^3=\alpha^3+3\alpha^2\beta+3\alpha\beta^2+\beta^3$ を使うよ。

$$\underset{a^{\frac{3}{2}x}}{\left(a^{\frac{x}{2}}\right)^3}+3\underset{a^x\cdot a^{-\frac{x}{2}}=a^{x-\frac{x}{2}}=a^{\frac{x}{2}}}{\left(a^{\frac{x}{2}}\right)^2\cdot a^{-\frac{x}{2}}}+3\underset{a^{\frac{x}{2}}\cdot a^{-x}=a^{\frac{x}{2}-x}=a^{-\frac{x}{2}}}{a^{\frac{x}{2}}\cdot\left(a^{-\frac{x}{2}}\right)^2}+\overset{a^{-\frac{3}{2}x}}{\left(a^{-\frac{x}{2}}\right)^3}=7\sqrt{7}$$

⇦ 指数法則
(1) $(a^m)^n=a^{m\times n}$
(2) $a^m\cdot a^n=a^{m+n}$
を使っている。

$$a^{\frac{3}{2}x}+a^{-\frac{3}{2}x}+3\underset{\sqrt{7}\ (④より)}{\left(a^{\frac{x}{2}}+a^{-\frac{x}{2}}\right)}=7\sqrt{7}$$

$$\therefore\ a^{\frac{3}{2}x}+a^{-\frac{3}{2}x}=7\sqrt{7}-3\sqrt{7}=4\sqrt{7}$$ …………(答)
(イ，ウ)

どう？ 指数法則もうまく使えた？ 公式をシッカリ使いこなしてくれ！

Babaのレクチャー

対数計算については，その基本から話しておこう。

まず，対数の定義として，次のことを頭に入れてくれ。

$$a^b=c \Longleftrightarrow b=\log_a c \quad (a>0,\ a\neq 1,\ c>0)$$

（a：底，c：真数）（$a>0$，$a\neq1$：これが底の条件）（$c>0$：これは真数条件）

よって，$\log_2 8=3\quad(\because\ 2^3=8)$

$\log_3\frac{1}{9}=-2\quad\left(\because\ 3^{-2}=\frac{1}{9}\right)$

$\log_5\sqrt{5}=\frac{1}{2}\quad\left(\because\ 5^{\frac{1}{2}}=\sqrt{5}\right)$ となるのはいいね。（$\because$：これは“なぜなら”記号）

それでは，次に，対数計算の公式を書いておくよ。

対数計算の公式

(1) $\log_a 1=0$　　(2) $\log_a a=1$

(3) $\log_a xy=\log_a x+\log_a y$　　(4) $\log_a\frac{x}{y}=\log_a x-\log_a y$

(5) $\log_a x^m=m\cdot\log_a x$　　(6) $\log_a x=\frac{\log_b x}{\log_b a}$

（$a>0$ かつ $a\neq1$，$b>0$ かつ $b\neq1$，$x>0$，$y>0$，m：実数）
（$a>0$ かつ $a\neq1$，$b>0$ かつ $b\neq1$：底の条件；$x>0$，$y>0$：真数条件）

(2) それでは，対数計算の練習に入るよ。

$$\log_5 169 \times \log_7 25 \times \log_{13} 343$$

（$169 = 13^2$，$25 = 5^2$，$343 = 7^3$）

$$= \log_5 13^2 \times \log_7 5^2 \times \log_{13} 7^3$$

⇦ $\log_a x^m = m \cdot \log_a x$ だ。

$$= 2\log_5 13 \times 2\log_7 5 \times 3\log_{13} 7$$

$$= 12 \times \log_5 13 \times \log_7 5 \times \log_{13} 7$$

⇦ ここで，底をすべて5に統一しよう。公式 $\log_a x = \frac{\log_b x}{\log_b a}$ を使うんだね。

$$= 12 \times \log_5 13 \times \frac{\log_5 5}{\log_5 7} \times \frac{\log_5 7}{\log_5 13}$$

（$\log_5 5 = 1$）

$$= 12 \times 1 = 12 \quad \cdots\cdots(答)(エオ)$$

以上で，ウォーミング・アップを兼ねた，指数・対数計算の基本練習が終わったんだよ。どう？調子は出てきた？

それではこれから，さまざまな指数・対数関数の練習問題に入っていこう！制限時間が与えられているので，テンポよく解けるようになるまで練習するんだよ。反復練習すればする程，実力が付く良問ばかり集めておいたから，本番の指数・対数の問題でもきっと楽にポイント・ゲットできるようになるはずだよ。さァ，元気を出して，頑張ろう！

● 指数・対数方程式に挑戦しよう！

次の問題は，指数・対数方程式の問題だ。過去に出題された問題だけれど，易しい問題だから，制限時間内にケリをつけてくれ！

演習問題 25	制限時間 4 分	難易度	CHECK 1	CHECK 2	CHECK 3

方程式 $\dfrac{4}{(\sqrt{2})^x}+\dfrac{5}{2^x}=1$ の解 x を求めよう。

$X=\dfrac{1}{(\sqrt{2})^x}$ ……① とおくと，X の方程式

$\boxed{\text{ア}}X^2+\boxed{\text{イ}}X-1=0$ が得られる。

一方，①より，$X>\boxed{\text{ウ}}$ である。したがって，$X=\dfrac{\boxed{\text{エ}}}{\boxed{\text{オ}}}$ を得る。

これから，求める x は，$x=\boxed{\text{カ}}\log_2\boxed{\text{キ}}$ となる。

ヒント！ $X=\dfrac{1}{(\sqrt{2})^x}=\dfrac{1}{2^{\frac{x}{2}}}=2^{-\frac{x}{2}}$ とおくと，$X>0$ で，与えられた方程式は $4X+5X^2=1$ と，X の 2 次方程式になる。この正の解を求めるんだね。

解答＆解説

$\dfrac{4}{(\sqrt{2})^x}+\dfrac{5}{2^x}=1$ ……⓪ を解く，

ここで，$X=\dfrac{1}{(\sqrt{2})^x}$ ……① とおくと，

$X=\dfrac{1}{(\sqrt{2})^x}=\dfrac{1}{2^{\frac{x}{2}}}=2^{-\frac{x}{2}}$ となり，

右のグラフより，明らかに $X>0$ だね。

また，⓪は次のような X の 2 次方程式になる。

これを解こう。

ココがポイント

⇦ $X=2^{-\frac{x}{2}}$ のグラフ

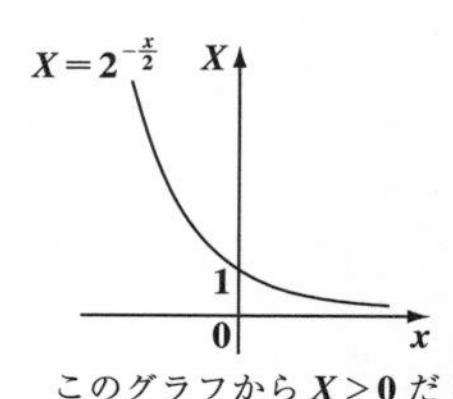

このグラフから $X>0$ だ！

$4 \cdot 2^{-\frac{x}{2}} + 5 \cdot 2^{-x} = 1$

$2^{-\frac{x}{2}} = X$, $2^{-x} = \left(2^{-\frac{x}{2}}\right)^2 = X^2$

$5X^2 + 4X - 1 = 0$ ……………………(答)(ア，イ)

5 ╲╱ −1
1 ╱╲ 1 ← たすきがけ！

$(5X-1)(X+1) = 0$

⇦ $X = \frac{1}{5}$，または-1 だけど，$X > 0$ の条件から $X = \frac{1}{5}$ だ。

ここで，$X > 0$ より ……………………(答)(ウ)

$X = \frac{1}{5}$ である。 ……………………(答)(エ，オ)

ここで，$X = \boxed{2^{-\frac{x}{2}} = \frac{1}{5}}$ より，

$2^{-\frac{x}{2}} = 5^{-1}$　両辺を-1乗すると

⇦ $\left(2^{-\frac{x}{2}}\right)^{-1} = (5^{-1})^{-1}$
$2^{\frac{x}{2}} = 5$

$2^{\frac{x}{2}} = 5$

$\frac{x}{2} = \log_2 5$

$a^b = c$ のとき
$b = \log_a c$ となる！

$\therefore x = 2\log_2 5$ となる。 ……………………(答)(カ，キ)

どう？　解きやすかっただろう？　共通テストの問題は，どのテーマも，年によって難易度にかなりのバラツキがあるんだよ。今回の問題は，共通テストの中でも最も易しい指数・対数関数の問題と言えると思う。でも，時間内に解けた人は大いに自信をもっていいよ。共通テストにおいて，まず基本問題をテンポよく正確に解いていくことが，大切だからだ。

それでは，これから徐々に難度を上げていくからステップ・バイ・ステップにマスターしていってくれ！

次の問題も，過去に出題された問題で，指数・対数方程式の問題だ。今回は，対数関数のグラフの平行移動の要素も入っているけれど，これも比較的解きやすい問題だよ。テンポよく解いていこう！

演習問題 26	制限時間 6 分	難易度	CHECK 1	CHECK 2	CHECK 3

(1) 関数 $f(x)=3^x+3^{-x}$ に対して，

$f(x-1)=\dfrac{\boxed{ア}}{\boxed{イ}}\cdot 3^x+\boxed{ウ}\cdot 3^{-x}$ である。

また，$f(x-1)=f(x)$ を満たす x を求めると，$x=\dfrac{\boxed{エ}}{\boxed{オ}}$ であり，

このときの，$f(x)$ の値は $\dfrac{\boxed{カ}\sqrt{\boxed{キ}}}{\boxed{ク}}$ である。

(2) 関数 $y=\log_2\left(\dfrac{x}{2}+3\right)$ ……① のグラフは，

関数 $y=\log_2 x$ ……② のグラフを

x 軸方向に $\boxed{ケコ}$，y 軸方向に $\boxed{サシ}$ だけ平行移動したものである。

①と②のグラフの共有点の座標は $\left(\boxed{ス},\ 1+\log_2\boxed{セ}\right)$ である。

ヒント！ (1) 指数方程式 $f(x-1)=f(x)$ を解くとき，$3^x=t$ とでもおいて，t の方程式にもち込むといい。(2) $y=\log_2 x$ を $(p,\ q)$ だけ平行移動したものは，$y-q=\log_2(x-p)$ となるんだね。これは平行移動の公式だね。

解答＆解説

(1) $f(x)=3^x+3^{-x}$ ……㋐ のとき，

$$f(x-1)=3^{x-1}+3^{-(x-1)}$$

$3^{-1}\cdot 3^x=\dfrac{1}{3}\cdot 3^x$，　$3^{-x+1}=3\cdot 3^{-x}$

$$=\frac{1}{3}\cdot 3^x+3\cdot 3^{-x} \quad \cdots\cdots ㋑ \quad となる。$$

………(答)(ア，イ，ウ)

ココがポイント

⇦ $f(x)$ の x に $x-1$ を代入する。

ここで，$f(x-1)=f(x)$ ……㋒ をみたす x を求める。㋒に㋐，㋑を代入して，

$$\underbrace{\frac{1}{3}\cdot 3^x}_{t}+3\cdot \underbrace{3^{-x}}_{\frac{1}{3^x}=\frac{1}{t}}=\underbrace{3^x}_{t}+\underbrace{3^{-x}}_{\frac{1}{t}} \quad \cdots\cdots ㋒'$$

ここで，$3^x=t$ とおくと，$t>0$ となる。

⇦ $t=3^x$ のグラフ

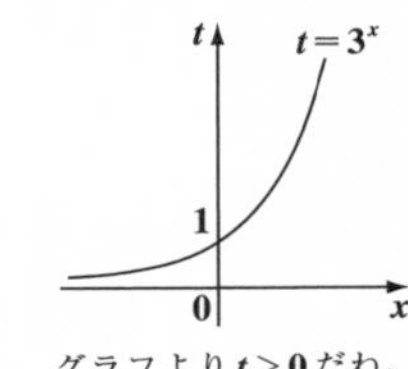

グラフより $t>0$ だね。

また㋒$'$は，

$$\frac{1}{3}t+3\cdot\frac{1}{t}=t+\frac{1}{t},\quad \left(1-\frac{1}{3}\right)t=(3-1)\frac{1}{t}$$

$$\frac{2}{3}t=\frac{2}{t},\qquad t^2=3$$

ここで，$t>0$ より，$t=\boxed{\sqrt{3}}$ （$3^{\frac{1}{2}}$）

⇦ $t=\pm\sqrt{3}$ だけど，$t>0$ より，$t=\sqrt{3}$ となる。

$3^x=t$ より，$3^{\boxed{x}}=3^{\boxed{\frac{1}{2}}}$ 　$\therefore\ x=\frac{1}{2}$ ……(答)(エ，オ)

指数部同士の見比べ

このとき $f(x)$ の値は，

$$f\left(\frac{1}{2}\right)=3^{\frac{1}{2}}+3^{-\frac{1}{2}}=\sqrt{3}+\frac{1}{\sqrt{3}}$$

$$=\sqrt{3}+\frac{\sqrt{3}}{3}=\frac{4\sqrt{3}}{3}\quad\cdots\cdots(答)(カ，キ，ク)$$

(2) $\begin{cases} y=\log_2\left(\dfrac{x}{2}+3\right) & \cdots\cdots① \\ y=\log_2 x & \cdots\cdots② \quad (x>0) \end{cases}$

真数条件！

①を変形して，

$$y=\log_2\left(\frac{x+6}{2}\right)=\log_2(x+6)-\boxed{\log_2 2}$$ （$\log_2 2 = 1$）

⇦ 公式 $\log_a\dfrac{x}{y}=\log_a x-\log_a y$ を使った。

よって①は，

$$y=\log_2(x+6)-1$$

$$y+1=\log_2(x+6)\quad\cdots\cdots①'$$ となる。

以上より，

$y=\log_2 x$ ……② $\xrightarrow[\text{平行移動}]{(-6,\ -1)}$ $y-(-1)=\log_2\{x-(-6)\}$

$\begin{cases} x \to x+6 \\ y \to y+1 \end{cases}$ $y+1=\log_2(x+6)$ ……①´

となるので，

①のグラフは，②のグラフを x 軸方向に -6，

y 軸方向に -1 だけ平行移動したものである。

………(答)(ケコ，サシ)

①と②の共有点の座標を求める。

①，②より y を消去して，

$\log_2\left(\frac{x}{2}+3\right)=\log_2 x$ (真数条件より，$x>0$)

真数の見比べ

⇦真数条件

・$\frac{x}{2}+3>0$ かつ

$x>-6$

・$x>0$ より，

$x>0$ となる。

$\frac{x}{2}+3=x$ $\frac{x}{2}=3$ $\therefore x=6$

これを②に代入して，

$y=\log_2 6=\log_2(2\times 3)=\underbrace{\log_2 2}_{1}+\log_2 3$

$=1+\log_2 3$

⇦公式

$\log_a xy=\log_a x+\log_a y$

を使った。

∴①と②の共有点の座標は，

$(6,\ 1+\log_2 3)$ である。 …………(答)(ス，セ)

それ程，難しくはなかっただろう？ 本番の共通テストでは，このような易しめの問題をテンポよく解いて，時間をセーブすることが大切だ。

● 指数・対数方程式と3次方程式の融合問題に挑戦だ！

次の問題は，連立の指数方程式から，3次方程式に持ち込む問題だ。誘導にうまく乗って，解いていこう。

演習問題 27	制限時間 8 分	難易度 ☆☆	CHECK1	CHECK2	CHECK3

連立方程式 (＊) $\begin{cases} x+y+z=3 \\ 2^x+2^y+2^z=\dfrac{35}{2} \\ \dfrac{1}{2^x}+\dfrac{1}{2^y}+\dfrac{1}{2^z}=\dfrac{49}{16} \end{cases}$ を満たす実数 x, y, z を求めよう。

ただし，$x \leqq y \leqq z$ とする。

$X=2^x$，$Y=2^y$，$Z=2^z$ とおくと，$x \leqq y \leqq z$ により $X \leqq Y \leqq Z$ である。

(＊) から，X，Y，Z の関係式 $\begin{cases} XYZ=\boxed{\text{ア}} \\ X+Y+Z=\dfrac{35}{2} \\ XY+YZ+ZX=\dfrac{\boxed{\text{イウ}}}{\boxed{\text{エ}}} \end{cases}$ が得られる。

この関係式を利用すると，t の3次式 $(t-X)(t-Y)(t-Z)$ は

$$(t-X)(t-Y)(t-Z)=t^3-(X+Y+Z)t^2+(XY+YZ+ZX)t-XYZ$$

$$=t^3-\frac{35}{2}t^2+\frac{\boxed{\text{イウ}}}{\boxed{\text{エ}}}t-\boxed{\text{ア}}$$

$$=\left(t-\frac{1}{2}\right)(t-\boxed{\text{オ}})(t-\boxed{\text{カキ}})$$

となる。したがって，$X \leqq Y \leqq Z$ により

$X=\dfrac{1}{2}$，$Y=\boxed{\text{オ}}$，$Z=\boxed{\text{カキ}}$ となり，

$x=\log_{\boxed{\text{ク}}}X$，$y=\log_{\boxed{\text{ク}}}Y$，$z=\log_{\boxed{\text{ク}}}Z$ から

$x=\boxed{\text{ケコ}}$，$y=\boxed{\text{サ}}$，$z=\boxed{\text{シ}}$ であることがわかる。

ヒント！ 与えられたx，y，zの連立方程式を，$X(=2^x)$，$Y(=2^y)$，$Z(=2^z)$で表し，$X+Y+Z$，$XY+YZ+ZX$，XYZの値を求めて，X，Y，Zを解にもつtの3次方程式にもち込んで解けばいいんだね。

解答＆解説

$$\begin{cases} x+y+z=3 \cdots\cdots\cdots\cdots\cdots ① \\ 2^x+2^y+2^z=\dfrac{35}{2} \cdots\cdots\cdots ② \\ \dfrac{1}{2^x}+\dfrac{1}{2^y}+\dfrac{1}{2^z}=\dfrac{49}{16} \cdots\cdots\cdots ③ \end{cases}$$

$(x \leqq y \leqq z)$について，

$X=2^x$，$Y=2^y$，$Z=2^z$　$(X \leqq Y \leqq Z)$とおき，

XYZ，$X+Y+Z$，$XY+YZ+ZX$の各値を求める。

ココがポイント

⇦ $x \leqq y \leqq z$より，$2^x \leqq 2^y \leqq 2^z$となるからね。

Babaのレクチャー

X，Y，Zを解にもつtの3次方程式は，

$(t-X)(t-Y)(t-Z)=0$　であり，この左辺を展開すると

$t^3-(X+Y+Z)t^2+(XY+YZ+ZX)t-XYZ=0$ ……④ となるので，

$X+Y+Z$，$XY+YZ+ZX$，XYZの各値を求めて④に代入して，

tの3次方程式を解けば，逆にX，Y，Zの値が求められるんだね。

大丈夫？

・$XYZ=2^x\cdot2^y\cdot2^z=2^{x+y+z}=2^3=8$ ……(答)(ア)　（$x+y+z=3$（①より））

・②より，$2^x+2^y+2^z=X+Y+Z=\dfrac{35}{2}$

・③より，$\dfrac{1}{2^x}+\dfrac{1}{2^y}+\dfrac{1}{2^z}=\dfrac{1}{X}+\dfrac{1}{Y}+\dfrac{1}{Z}=\dfrac{49}{16}$

よって，$\dfrac{YZ+ZX+XY}{XYZ}=\dfrac{49}{16}$より，　（$XYZ=8$（ア））

$XY+YZ+ZX=\dfrac{49}{16}\times8=\dfrac{49}{2}$ ………(答)(イウ，エ)

$X+Y+Z=\frac{35}{2}$, $XY+YZ+ZX=\frac{49}{2}$, $XYZ=8$ を

$t^3-(X+Y+Z)t^2+(XY+YZ+ZX)t-XYZ=0$ …④

の左辺に代入して変形すると,

④の左辺 $=t^3-\frac{35}{2}t^2+\frac{49}{2}t-8$

$=\left(t-\frac{1}{2}\right)(t^2-17t+16)$　［$t^2-17t+16=(t-1)(t-16)$］

$=\left(t-\frac{1}{2}\right)(t-1)(t-16)$ ……(答)(オ, カキ)

よって, ④は

$\left(t-\frac{1}{2}\right)(t-1)(t-16)=0$ より,

$t=\frac{1}{2}$, 1, 16 ←これが X, Y, Z のことだ

ここで, $X \leqq Y \leqq Z$ より,

$X=\frac{1}{2}$, $Y=1$, $Z=16$ となる。

$\cdot X=2^x$ より, $x=\log_2 X=\log_2\frac{1}{2}=-1$…(答)(ク, ケコ)

$\cdot Y=2^y$ より, $y=\log_2 Y=\log_2 1=0$ ……(答)(サ)

$\cdot Z=2^z$ より, $z=\log_2 Z=\log_2 16=4$……(答)(シ)

⇦ これは, X, Y, Z を解にもつ t の3次方程式
$(t-X)(t-Y)(t-Z)=0$
のことだ。

⇦ $f(t)=t^3-\frac{35}{2}t^2+\frac{49}{2}t-8$
とおくと,
$f\left(\frac{1}{2}\right)=\frac{1}{8}-\frac{35}{8}+\frac{49}{4}-8$
$=-\frac{17}{4}+\frac{49}{4}-8$
$=8-8=0$
よって, $f(t)$ は $t-\frac{1}{2}$ で割り切れる。

組立て除法

	1	$-\frac{35}{2}$	$\frac{49}{2}$	-8
$\frac{1}{2}$	↓	$\frac{1}{2}$	$-\frac{17}{2}$	8
	1	-17	16	(0)

⇦ 次のような計算でもいいよ。
$X=2^x=2^{-1}$ より, $x=-1$
$Y=2^y=2^0$ より, $y=0$
$Z=2^z=2^4$ より, $z=4$

これも過去問だったんだけれど, この誘導は, 何かモタモタしてる感じがするね。たとえば, $f(t)=0$ も, 導入なしで解く場合, 両辺を2倍して, $2t^3-35t^2+49t-16=0$ とし, この左辺を $g(t)$ とおくと, $g(1)=0$ がスグ分かるので, $(t-1)$ で因数分解するのが普通だと思う。また, 最後の X, Y, Z から x, y, z を導くやり方も, 実際には, **ココがポイント** で示した解法(指数部の見比べ)でいいと思う。

● 対数不等式の問題も解いてみよう！

次も，過去に出題された問題だ。対数不等式と，指数関数の最大・最小問題の融合問題になっている。まず，自力でトライしてみてごらん。

演習問題 28	制限時間 8 分	難易度 ☆	CHECK1	CHECK2	CHECK3

不等式 $\log_2(x-1)+\log_{\frac{1}{2}}(3-x)\leqq 0$ を満たす x の値の範囲は

［ア］$< x \leqq$［イ］である。

x がこの範囲にあるとき

$y=4^x-6\cdot 2^x+10$ の最大値と最小値を求めよう。

$X=2^x$ とおくと，X のとる値の範囲は［ウ］$< X \leqq$［エ］であり

$y=(X-$［オ］$)^{［カ］}+$［キ］である。

したがって，y は $x=$［ク］のとき最大値［ケ］をとり，

$x=\log_2$［コ］のとき最小値［サ］をとる。

ヒント！ 対数不等式の場合，底の値が1より大きいか小さいか，に着目しよう。また，$X=2^x$ とおくと，y は X の 2 次関数になるので，これから，X の定義域に気を付けて y の最大値・最小値を求めればいいんだね。

Baba のレクチャー

(Ⅰ) 対数不等式

(ⅰ) $a>1$ のとき　$\log_a x_1 > \log_a x_2 \iff x_1 > x_2$

（不等号の向きはそのまま）

(ⅱ) $0<a<1$ のとき　$\log_a x_1 > \log_a x_2 \iff x_1 < x_2$

（不等号の向きは逆転！）

(Ⅱ) 指数不等式

(ⅰ) $a>1$ のとき　$a^{x_1} > a^{x_2} \iff x_1 > x_2$

（不等号の向きはそのまま）

(ii) $0 < a < 1$ のとき　$a^{x_1} > a^{x_2} \iff x_1 < x_2$

不等号の向きは逆転！

(Ⅰ) 対数不等式，(Ⅱ) 指数不等式共に，底 a が，(i) $a > 1$ の場合と (ii) $0 < a < 1$ の場合で，結果が全く異なることに注意しよう！

解答＆解説

対数不等式 $\log_2(x-1) + \log_{\frac{1}{2}}(3-x) \leqq 0$ ……①

（$x-1$：⊕，$3-x$：⊕ ← 真数条件）

について，真数条件は，$1 < x < 3$ となる。

なにはともあれ，"真数条件"を押さえよう！

①を変形して，　底 2 の対数にそろえる！

$$\log_2(x-1) + \log_{\frac{1}{2}}(3-x) \leqq 0$$

$$\log_{\frac{1}{2}}(3-x) = \frac{\log_2(3-x)}{\log_2\frac{1}{2}} = \frac{\log_2(3-x)}{-1}$$

$$\log_2(x-1) - \log_2(3-x) \leqq 0$$

$$\log_2(x-1) \leqq \log_2(3-x)$$

よって　$x - 1 \leqq 3 - x$

$2x \leqq 4$　$\therefore x \leqq 2$

これと真数条件より，

①の不等式の解は

（真数条件　1　2　3　x）

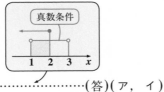

$1 < x \leqq 2$ となる。 ……………………(答)(ア，イ)

x が $1 < x \leqq 2$ のとき，

$y = 4^x - 6 \cdot 2^x + 10$ ……②　の最大値と最小値を

（$4^x = (2^2)^x = (2^x)^2$）

求めよう。

ココがポイント

⇦ まず真数条件を押さえよう。

$\begin{cases} \cdot\ x-1>0 \text{ より } x>1 \\ \cdot\ 3-x>0 \text{ より } x<3 \end{cases}$

以上より，真数条件は $1 < x < 3$ となる。

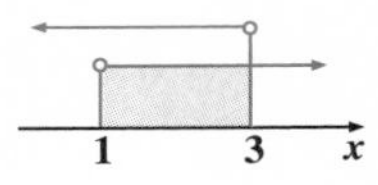

⇦ $\log_a x = \dfrac{\log_b x}{\log_b a}$

⇦ 底が 2 で，1 より大きいので，
$\log_2 x_1 \leqq \log_2 x_2$
$\iff x_1 \leqq x_2$
と変形できる！

ここで $X=2^x$ とおくと，$1<x\leqq 2$ より，

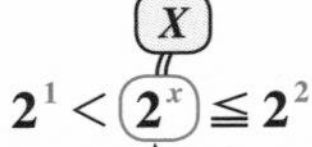

$2^1<2^x\leqq 2^2$

底2は1より大より，指数不等式の公式から，
$1<x\leqq 2 \Longleftrightarrow 2^1<2^x\leqq 2^2$ となる。

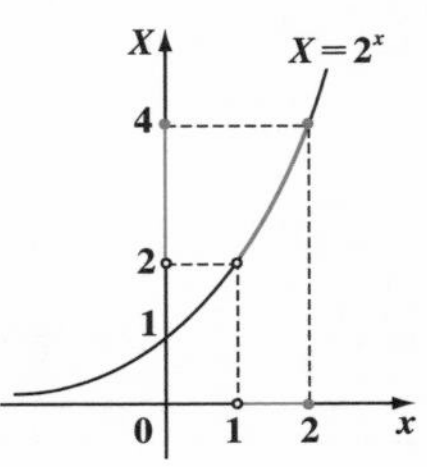

∴ X のとり得る値の範囲は

$2<X\leqq 4$ となる。 ……………………(答)(ウ，エ)

また②より，

$y=(2^x)^2-6\cdot 2^x+10$

$=X^2-6X+10$

9をたした分引く！

$=(X^2-6X+9)+10-9$

2で割って2乗

∴ $y=(X-3)^2+1$ ……………………(答)(オ，カ，キ)　⇦ 頂点 (3，1) の下に凸な放物線

(ただし，$2<X\leqq 4$)

よって，y は

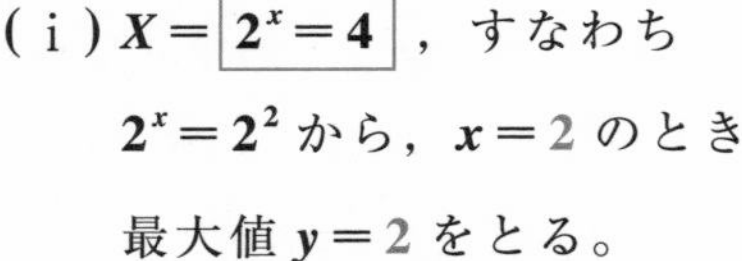

(i) $X=\boxed{2^x=4}$，すなわち

$2^x=2^2$ から，$x=2$ のとき

最大値 $y=2$ をとる。

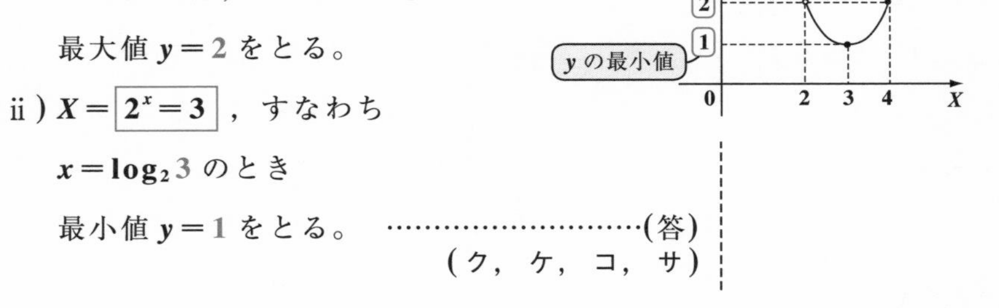

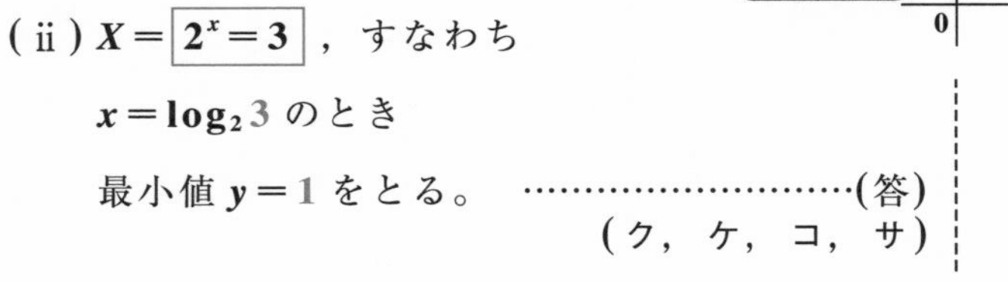

(ii) $X=\boxed{2^x=3}$，すなわち

$x=\log_2 3$ のとき

最小値 $y=1$ をとる。 ……………………(答)(ク，ケ，コ，サ)

制限時間内に解けた？ 対数方程式・不等式を解くときは，まず初めに真数条件を押さえることだ。忘れないでくれ！

● 対数と相加・相乗平均は相性がいい？

それでは，本格的な対数関数の問題に入ろう。これも過去に出題された問題で，相加・相乗平均との融合問題でもあるんだよ。

演習問題 29	制限時間 9 分	難易度 ★★	CHECK 1	CHECK 2	CHECK 3

$a=\log_3 x$，$b=\log_9 y$ とする。

(1) $y=9^b$ であるから，［ア］$b=\log_3 y$ である。

(2) $x^2y=\dfrac{1}{3}$ ならば，$a+b=\dfrac{［イウ］}{［エ］}$ である。

(3) $a+2b=3$ ならば，$x+y$ の最小値は ［オ］$\sqrt{［カ］}$ である。

(4) $ab=2$ ならば，$x>1$，$y>1$ のときの xy の最小値は ［キク］である。

ヒント！ (1),(2) はアッという間に解いてくれ。(3) では，$x+y \geqq 2\sqrt{xy}$，また (4) では，$\log_3 x+\log_3 y \geqq 2\sqrt{\log_3 x \cdot \log_3 y}$ と，どちらも相加・相乗平均の不等式を使うと，うまく解けるんだよ。

解答＆解説

(1) $a=\log_3 x$，$b=\log_9 y$

なにはともあれ“真数条件”を押さえる！

真数条件より，$x>0$，$y>0$

$b=\log_9 y$ より，$y=9^b$ だね。

よって，$\log_3 y=\log_3 9^b=b\cdot\log_3 9=2b$ だね。（$\log_3 9 = 2$ （$\because 3^2=9$））

$\therefore\ 2b=\log_3 y$ ……………………………(答)(ア)

ココがポイント

⇦ 対数 $\log_a x$ が出てきたら，（x：真数，a：底）

{真数条件：$x>0$
{底の条件：$a>0$ かつ $a \neq 1$

を，まず最初に必ず押さえよう。

別解

底の変換公式を使って，$b=\log_9 y=\dfrac{\log_3 y}{\log_3 9}=\dfrac{\log_3 y}{2}$ より，（$\log_3 9 = 2$）

$2b=\log_3 y$ としても，もちろんいい。

真数条件になる！

(2) $x^2y=\frac{1}{3}$ ……① とおくと，①の両辺は正だね。

よって，①の両辺の底 3 の対数をとって，

$$\log_3 x^2y = \log_3\frac{1}{3}$$

$\log_3\frac{1}{3} = -1$ $\left(\because 3^{-1}=\frac{1}{3}\right)$

$\log_3 x^2y = \log_3 x^2+\log_3 y = 2\log_3 x+\log_3 y$ ← $\because x>0,\ y>0$

$$2\log_3 x+\log_3 y=-1$$

$\log_3 x = a$，$\log_3 y = 2b$ ((1) より)

$a=\log_3 x$ で，$2b=\log_3 y$ だから，

$2a+2b=-1$ $\therefore a+b=\frac{-1}{2}$ …………(答)
(イウ，エ)

⇦ 右辺は $\frac{1}{3}$ で正だ。左辺の x^2y はこれと等しいから正だ。これは，真数条件：$x>0$，$y>0$ からも当然言えるね。

⇦ 公式
$\begin{cases}\log_a x^m = m\log_a x \\ \log_a xy=\log_a x+\log_a y\end{cases}$
を使った！

Babaのレクチャー

今回の問題では，“相加平均・相乗平均の不等式”がポイントになるので，この公式をもう 1 度確認しておこう。

相加・相乗平均の不等式

$a\geqq 0$，$b\geqq 0$ のとき

$a+b\geqq 2\sqrt{ab}$ （等号成立条件：$a=b$）

これから，たとえば，$a\geqq 0$，$b\geqq 0$ の条件の下，

(i) $ab=9$ のとき，相加・相乗平均の不等式より，

$a+b\geqq 2\sqrt{9}=6$ となるので，$a+b$ の最小値は 6 だね。

(ii) $a+b=4$ のとき，相加・相乗平均の不等式より，

$\underbrace{a+b}_{4}\geqq 2\sqrt{ab}$，$4\geqq 2\sqrt{ab}$，$2\geqq\sqrt{ab}$，$4\geqq ab$ となるので，

ab の最大値は 4 となる。要領は覚えた？

(3) $\boxed{a}+\boxed{2b}=3$ のとき，
($a=\log_3 x$, $2b=\log_3 y$ ((1) より))

$\log_3 x+\log_3 y=3 \qquad \log_3 xy=3$

⇦ $\log_3 xy=\log_3 x+\log_3 y$ だ。

$\therefore\ xy=3^3=\boxed{27}$ だね。

ここで，$x>0$，$y>0$ だから，相加・相乗平均の不等式より，

$x+y\geqq 2\sqrt{xy}=2\sqrt{27}=2\times 3\sqrt{3}=6\sqrt{3}$

$\therefore\ x+y$ は，最小値 $6\sqrt{3}$ をとる。…(答)(オ，カ)

(4) $a=\log_3 x$ で，$x>1$ のとき，

右図より，$a=\log_3 x>0$ だね。

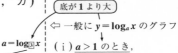

同様に，$y>1$ のとき，

$2b=\log_3 y>0$ となる。

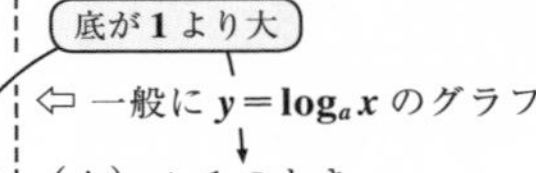

⇦ 一般に $y=\log_a x$ のグラフ（底が1より大）

(i) $a>1$ のとき，

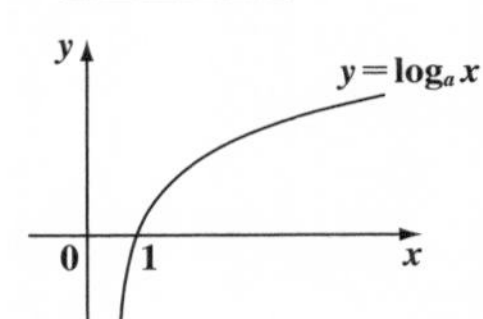

(ii) $0<a<1$ のとき，

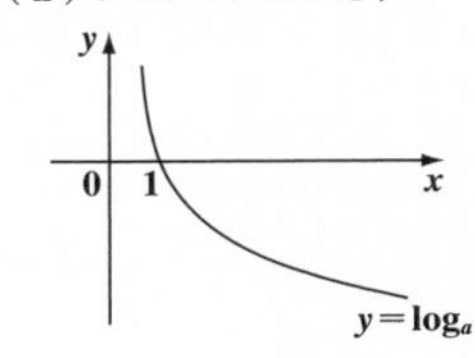

よって，$a>0$，$2b>0$ より，相加・相乗平均の不等式を用いて，

$\boxed{a}+\boxed{2b}\geqq 2\sqrt{a\times 2b}=2\sqrt{2\boxed{ab}}$ （$ab=2$，$a=\log_3 x$，$2b=\log_3 y$）

ここで，$a=\log_3 x$，$2b=\log_3 y$，また $ab=2$ だから，$\log_3 x+\log_3 y\geqq 4$ だね。

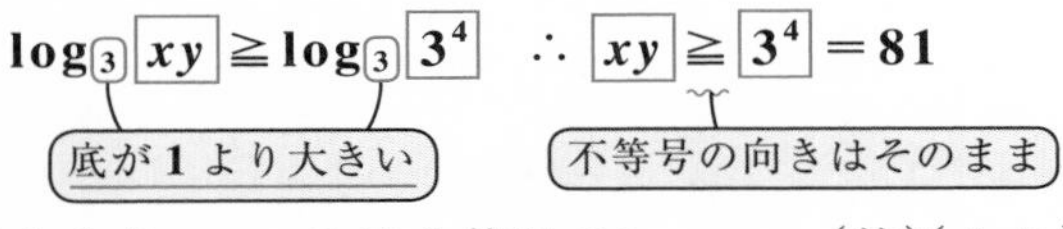

$\log_{\boxed{3}}\boxed{xy}\geqq\log_{\boxed{3}}\boxed{3^4}\quad\therefore\ \boxed{xy}\geqq\boxed{3^4}=81$

以上より，xy の最小値は 81 ………(答)(キク)

⇦ 対数不等式

$\log_{\boxed{a}}\boxed{X_1}\geqq\log_{\boxed{a}}\boxed{X_2}$

(i) $a>1$ のとき，
$X_1\geqq X_2$（そのまま）

(ii) $0<a<1$ のとき，
$X_1\leqq X_2$（逆転）

どう？ (4) の相加・相乗平均の使い方も大丈夫だった？ よく復習しておこう。

● 指数・対数の値の大小関係を調べよう！

次の問題も，過去問だけれど結構レベルは高いよ。指数や対数の値の大小関係を調べる問題で，共通テストの問題としては珍しいテーマだけれど，落ち着いて，基本通りに解いていけばいいんだよ。

演習問題 30	制限時間 10 分	難易度	CHECK1	CHECK2	CHECK3

x，y，z は正の数で $2^x=\left(\frac{5}{2}\right)^y=3^z$ を満たしているとする。

このとき $a=2x$，$b=\frac{5}{2}y$，$c=3z$ とおき，a，b，c の大小関係を調べよう。

(1) $x=y(\log_2 \boxed{ア}-\boxed{イ})$ であるから，

$$b-a=y\left(\frac{\boxed{ウ}}{2}-2\log_2\boxed{ア}\right)$$ である。

したがって，a と b を比べると $\boxed{エ}$ の方が大きい。

(2) $x=z\log_2\boxed{オ}$ であるから

$c-a=z(3-2\log_2\boxed{オ})$ である。

したがって，a と c を比べると $\boxed{カ}$ の方が大きい。

(3) $3^5<\left(\frac{5}{2}\right)^6$ であることを用いると，a，b，c の間には大小関係

$\boxed{キ}<\boxed{ク}<\boxed{ケ}$ が成り立つことがわかる。

ヒント！ $2^x=\left(\frac{5}{2}\right)^y=3^z$ はすべて正の数より，真数条件をみたすので，(1)，(2)，(3) の問題に応じて，底 2 や底 3 の対数をとって a，b，c の大小関係を調べていけばいいんだよ。ここでポイントは，底が 2 や 3 で 1 より大きいので，対数不等式の公式：$\log_a x_1>\log_a x_2 \iff x_1>x_2 \quad (a>1)$ を使うことだ。

解答＆解説

ココがポイント

$$2^x=\left(\frac{5}{2}\right)^y=3^z \quad \cdots\cdots ① \quad (x>0,\ y>0,\ z>0)$$

$a = 2x$ ……② $b = \frac{5}{2}y$ ……③ $c = 3z$ ……④

とおく。このとき，a，b，c の大小関係を調べる。

(1) $b - a$ の等号を調べることにより，a，b の大小関係を決定しよう。

⇦ ・$b-a>0$ ならば $b>a$ となるし，
・$b-a<0$ ならば $b<a$ となる。

①より，$2^x = \left(\frac{5}{2}\right)^y$

この両辺は正より，この両辺の底 2 の対数をとると，（真数条件のこと）

$$\log_2 2^x = \log_2 \left(\frac{5}{2}\right)^y$$

（$\log_2 2^x = x$，$\log_2\left(\frac{5}{2}\right)^y = y \cdot \log_2 \frac{5}{2} = y \cdot (\log_2 5 - \log_2 2)$，$\log_2 2 = 1$）

$x = y(\log_2 5 - 1)$ ……⑤ …………(答)(ア，イ)

⇦ これで，x を消去して y の式にできる。

以上より，②，③，⑤から，

$$b - a = \frac{5}{2}y - 2x = \frac{5}{2}y - 2y(\log_2 5 - 1)$$

$$= y\left(\frac{5}{2} - 2 \cdot \log_2 5 + 2\right)$$

$$= y\left(\frac{9}{2} - 2 \cdot \log_2 5\right) \text{ …………(答)(ウ)}$$

$$= \frac{y}{2}(9 - 4\log_2 5)$$

（$9 = \log_2 2^9$）

⇦ $9 = 9 \cdot \log_2 2 = \log_2 2^9$ とする。（$\log_2 2 = 1$）

$$= \frac{y}{2}(\log_2 2^9 - \log_2 5^4)$$

（$2^9 = 512$，$5^4 = 625$）

⇦ $2^{10} = 1024$ より，$2^9 = 512$（これは絶対暗記）

$$b-a=\frac{y}{2}(\log_2 512-\log_2 625)<0$$

（$\frac{y}{2}$：＋，$\log_2 512$：小，$\log_2 625$：大）

⇦ 底2で1より大きいので，$512<625 \iff \log_2 512<\log_2 625$ だね。

$\therefore b<a$ より，a と b を比べると a の方が大きい。

………(答)(エ)

(2) 同様に $c-a$ の符号を調べる。

①より，$2^x=3^z$

この両辺は正より，この両辺の底2の対数をとると，（真数条件）

$$\log_2 2^x=\log_2 3^z$$

（$\log_2 2^x = x$，$\log_2 3^z = z\log_2 3$）

$x=z\log_2 3$ ……⑥ ……………………(答)(オ)

⇦ これで，x を消去して z の式にできる。

以上より，②，④，⑥から，

$$c-a=3z-2x=3z-2z\log_2 3$$

$$=z(3-2\cdot\log_2 3)$$

（$3 = \log_2 2^3$）

⇦ $3=3\log_2 2=\log_2 2^3$ とする。

$$=z(\log_2 2^3-\log_2 3^2)$$

$$=z(\log_2 8-\log_2 9)<0$$

（z：＋，$\log_2 8$：小，$\log_2 9$：大）

⇦ 底2で1より大きいので，$8<9 \iff \log_2 8<\log_2 9$ となる。

$\therefore c<a$ より，a と c を比べると a の方が大きい。

………(答)(カ)

(3) (1)(2) より，$b<a$，$c<a$ が分かったので，$c-b$ の符号を調べて，b と c の大小関係を決定しよう。

①より，$\left(\frac{5}{2}\right)^y=3^z$

この両辺は正より，この両辺の底3の対数をとると，

$$\underbrace{\log_3\left(\frac{5}{2}\right)^y}_{y\log_3\frac{5}{2}} = \underbrace{\log_3 3^z}_{z}$$

$$z = y\log_3\frac{5}{2} \quad \cdots\cdots ⑦$$

⇦ これで，z を消去して y の式にできる。

以上より，③，④，⑦から，

$$c - b = 3z - \frac{5}{2}y = 3y\log_3\frac{5}{2} - \frac{5}{2}y$$

$$= \frac{y}{2}\Big(\underbrace{6\cdot\log_3\frac{5}{2}}_{\log_3\left(\frac{5}{2}\right)^6} - \underbrace{5}_{\log_3 3^5}\Big)$$

$$= \underbrace{\frac{y}{2}}_{⊕}\left\{\log_3\underbrace{\left(\frac{5}{2}\right)^6}_{大} - \log_3\underbrace{3^5}_{小}\right\} \quad \cdots\cdots ⑧$$

⇦ やった！ 与えられた条件：$3^5 < \left(\frac{5}{2}\right)^6$ が使える形が出てきた！

ここで，$3^5 < \left(\frac{5}{2}\right)^6$ より，

$\log_3\left(\frac{5}{2}\right)^6 - \log_3 3^5 > 0$ となる。

よって，⑧から $c - b > 0$ より，$b < c$

以上より，a，b，c の大小関係は

$b < c < a$ となる。……………(答)(キ，ク，ケ)

(3) で，与えられた条件 $3^5 < \left(\frac{5}{2}\right)^6$ の意味が初めは分からなかったかも知れないね。でも，基本に忠実に変形していけば，当然の帰結として，この不等式を利用する形が出てくるんだね。だからこういう問題の場合，悩んでないで，まず式を変形してみることが大切なんだね。

では次に，指数計算と対数計算と整数の融合問題にもチャレンジしてみよう。

演習問題 31	制限時間 7 分	難易度	CHECK 1	CHECK 2	CHECK 3

(1) t は正の実数であり，$t^{\frac{1}{3}}-t^{-\frac{1}{3}}=-3$ …①を満たすとする。このとき，

$t^{\frac{2}{3}}+t^{-\frac{2}{3}}=$ [アイ] である。さらに，

$t^{\frac{1}{3}}+t^{-\frac{1}{3}}=\sqrt{\text{[ウエ]}}$，$t-t^{-1}=$ [オカキ] である。

(2) x，y は正の実数とする。連立不等式

$$\begin{cases}\log_3(x\sqrt{y})\leqq 5 & \cdots\cdots ②\\ \log_{81}\dfrac{y}{x^3}\leqq 1 & \cdots\cdots\cdots ③\end{cases}$$ について考える。

$X=\log_3 x$，$Y=\log_3 y$ とおくと，②は，

[ク] $X+Y\leqq$ [ケコ] ……④ と変形でき，③は，

[サ] $X-Y\geqq$ [シス] ……⑤ と変形できる。

X，Y が④と⑤を満たすとき，Y のとり得る最大の整数の値は [セ]

である。また，x，y が②，③と $\log_3 y=$ [セ] を同時に満たすとき，

x のとり得る最大の整数の値は [ソ] である。

ヒント！ (1) は，$t^{\frac{1}{3}}-t^{-\frac{1}{3}}=-3$ の両辺を 2 乗しよう。(2) は，連立の対数不等式だけれど，導入に従って，X と Y の連立の 1 次不等式として，まず，解いていけばいい。いずれも解き易い問題なので，これらもテンポよく解いていこう。

解答＆解説

(1) $t^{\frac{1}{3}}-t^{-\frac{1}{3}}=-3$ ……① $(t>0)$ の両辺を 2 乗して，

$t^{\frac{2}{3}}+t^{-\frac{2}{3}}-2=9$ $\therefore t^{\frac{2}{3}}+t^{-\frac{2}{3}}=11$ ……(答)(アイ)

次に，$t^{\frac{1}{3}}+t^{-\frac{1}{3}}$ を 2 乗して，

$$\left(t^{\frac{1}{3}}+t^{-\frac{1}{3}}\right)^2=\underbrace{t^{\frac{2}{3}}+t^{-\frac{2}{3}}}_{11}+2\cdot\underbrace{t^{\frac{1}{3}}\cdot t^{-\frac{1}{3}}}_{1}=11+2=13$$

ここで，$t>0$ より，$t^{\frac{1}{3}}+t^{-\frac{1}{3}}>0$

$\therefore t^{\frac{1}{3}}+t^{-\frac{1}{3}}=\sqrt{13}$ ……………………(答)(ウエ)

次に，$t^{\frac{1}{3}}-t^{-\frac{1}{3}}=-3$ ……①の両辺を 3 乗して，

$\left(t^{\frac{1}{3}}-t^{-\frac{1}{3}}\right)^3=-27$

$$t-t^{-1}-3\underbrace{\left(t^{\frac{1}{3}}-t^{-\frac{1}{3}}\right)}_{-3\,(①より)}=-27$$

ココがポイント

⇦ $\left(t^{\frac{1}{3}}-t^{-\frac{1}{3}}\right)^2=9$

$t^{\frac{2}{3}}-2\cdot\underbrace{t^{\frac{1}{3}}\cdot t^{-\frac{1}{3}}}_{1}+t^{-\frac{2}{3}}=9$

⇦ $\left(t^{\frac{1}{3}}-t^{-\frac{1}{3}}\right)^3$

$=t-3\cdot t^{\frac{2}{3}}\cdot t^{-\frac{1}{3}}+3t^{\frac{1}{3}}\cdot t^{-\frac{2}{3}}-t^{-1}$

$=t-t^{-1}-3\left(t^{\frac{1}{3}}-t^{-\frac{1}{3}}\right)$

$t-t^{-1}+9=-27 \quad \therefore t-t^{-1}=-36$

……(答)(オカキ)

(2) 正の実数 x, y について $\log_3 x=X$, $\log_3 y=Y$ とおくと,

$\begin{cases} \log_3(x\sqrt{y}) \leqq 5 & \cdots② \\ \log_{81}\dfrac{y}{x^3} \leqq 1 & \cdots\cdots③ \end{cases}$ は, それぞれ次のように変形できる。

$\begin{cases} X+\dfrac{1}{2}Y \leqq 5 & \cdots\cdots\cdots②' \\ \dfrac{1}{4}(-3X+Y) \leqq 1 & \cdots③' \end{cases}$ となる。よって, ②´, ③´ はさらに,

(②´の両辺に2をかけた。)

$\begin{cases} 2X+Y \leqq 10 & \cdots④ \\ 3X-Y \geqq -4 & \cdots⑤ \end{cases}$ となり, ……(答)(ク, ケコ) となる。……(答)(サ, シス)

(③´の両辺に−4をかけた。)

$\begin{cases} ④より, X \leqq \dfrac{10-Y}{2} & \cdots\cdots④' \\ ⑤より, \dfrac{Y-4}{3} \leqq X & \cdots\cdots⑤' \end{cases}$ となるので,

$\dfrac{Y-4}{3} \leqq X \leqq \dfrac{10-Y}{2} \cdots⑥$ より, $\dfrac{Y-4}{3} \leqq \dfrac{10-Y}{2}$

これから, $Y \leqq \dfrac{38}{5}=7.6$

よって, Y の取り得る最大の整数値は 7 である。

……(答)(セ)

$Y=7(=\log_3 y)$ のとき, これを⑥に代入して,

$\dfrac{7-4}{3} \leqq X \leqq \dfrac{10-7}{2}$ より, $1 \leqq X \leqq \dfrac{3}{2}$ ($1=\log_3 3$, $X=\log_3 x$, $\dfrac{3}{2}=\dfrac{3}{2}\log_3 3$)

$\log_3 3 \leqq \log_3 x \leqq \log_3 3^{\frac{3}{2}}$

$3 \leqq x \leqq 3^{\frac{3}{2}}=3\sqrt{3}=5.19\cdots$ ($\sqrt{3}=1.73\cdots$)

$\therefore x$ の取り得る最大の整数値は 5 である。

……(答)(ソ)

⇦ $\cdot \log_3(x\sqrt{y})=\log_3 x+\log_3 y^{\frac{1}{2}}$
$=\log_3 x+\dfrac{1}{2}\log_3 y$
$=X+\dfrac{1}{2}Y$

$\cdot \log_{81}\dfrac{y}{x^3}=\dfrac{\log_3\dfrac{y}{x^3}}{\log_3 81}$ ($\log_3 81=4$)
$=\dfrac{1}{4}(\log_3 y-\log_3 x^3)$
$=\dfrac{1}{4}(\log_3 y-3\log_3 x)$
$=\dfrac{1}{4}(Y-3X)$
$=\dfrac{1}{4}(-3X+Y)$

⇦ $2(Y-4) \leqq 3(10-Y)$
$2Y-8 \leqq 30-3Y$
$5Y \leqq 38$
$Y \leqq \dfrac{38}{5}=7.6$

⇦ $a>1$ のとき,
正の数 x_1, x_2 について,
$\log_a x_1 \leqq \log_a x_2$
$\Leftrightarrow x_1 \leqq x_2$ となる。

講義4 ● 指数・対数関数　公式エッセンス

1. 指数法則

(1) $a^0=1$　(2) $a^1=a$　(3) $a^p\times a^q=a^{p+q}$

(4) $(a^p)^q=a^{p\times q}$　(5) $a^{-p}=\dfrac{1}{a^p}$　(6) $a^{\frac{1}{n}}=\sqrt[n]{a}$

(7) $a^{\frac{m}{n}}=\sqrt[n]{a^m}=(\sqrt[n]{a})^m$　(8) $(ab)^p=a^pb^p$　(9) $\left(\dfrac{b}{a}\right)^p=\dfrac{b^p}{a^p}$

($a>0$, p, q：有理数, m, n：自然数, $n\geqq 2$)

2. 指数方程式

(i) 見比べ型：$a^{x_1}=a^{x_2} \iff x_1=x_2$ ← 指数部の見比べ

(ii) 置換型：$a^x=t$ と置き換える。($t>0$)

3. 指数不等式

(i) $a>1$ のとき, $a^{x_1}>a^{x_2} \iff x_1>x_2$

(ii) $0<a<1$ のとき, $a^{x_1}>a^{x_2} \iff x_1<x_2$ ← 不等号の向きが逆転！

4. 対数の定義

$a^b=c \rightleftarrows b=\log_a c$ ← 対数 $\log_a c$ は, $a^b=c$ の指数部 b のこと

5. 対数計算の公式

(1) $\log_a xy=\log_a x+\log_a y$　(2) $\log_a\dfrac{x}{y}=\log_a x-\log_a y$

(3) $\log_a x^r=r\log_a x$　(4) $\log_a x=\dfrac{\log_b x}{\log_b a}$

($x>0$, $y>0$, $a>0$ かつ $a\neq 1$, $b>0$ かつ $b\neq 1$, r：実数)

（$x>0$, $y>0$：真数条件　$a>0$ かつ $a\neq 1$, $b>0$ かつ $b\neq 1$：底の条件）

6. 対数方程式（まず, 真数条件を押さえる！）

(i) 見比べ型：$\log_a x_1=\log_a x_2 \iff x_1=x_2$ ← 真数同士の見比べ

(ii) 置換型：$\log_a x=t$ と置き換える。

7. 対数不等式（まず, 真数条件を押さえる！）

(i) $a>1$ のとき, $\log_a x_1>\log_a x_2 \iff x_1>x_2$

(ii) $0<a<1$ のとき, $\log_a x_1>\log_a x_2 \iff x_1<x_2$ ← 不等号の向きが逆転！

講義5 微分法・積分法

微積分法では、グラフと面積公式を活用しよう!

- ▶接線と法線
- ▶極値の問題
- ▶微分法の方程式への応用
- ▶定積分による面積計算
- ▶面積公式による面積計算

講義5 微分法・積分法

さァ，これから“**微分法・積分法**”の解説講義に入ろう。微分・積分は，共通テストでは必答問題の中心として，毎年出題されている。しかも，例年かなり難度が高い問題が出題されるのも，この微分・積分なんだ。だから，これをうまくクリアできるかどうかが，共通テストで高得点を取れるか否かの分岐点になるんだよ。

これからやっていく“**微分法・積分法**”で，よく出題される分野は，次の通りだ。

・接線と法線
・極値の問題
・微分法の方程式への応用
・定積分による面積計算
・面積公式による面積計算

微分・積分の問題は，最終的には面積計算で終わるものが多い。しかも，**2** 次関数までの積分がほとんどなので，“面積公式”という便利な公式が利用できる場合もあるんだね。これについても，詳しく解説する。

以上のように，テーマを挙げると，何か難しく感じるかも知れないね。でも，微分・積分法は，体系立てて基本からキチンと勉強していけば，マスターするのにそれ程苦労する分野ではないんだよ。そして，当然，今回も分かりやすく，ていねいに解説していくから，心配はいらないよ。

それでは，早速，微分・積分の講義を始めよう！

● 3次関数の極値の問題から始めよう！

まず，3次関数の極値(極大値・極小値)の問題を解いてみよう。これは，過去に出題された問題だけれど，解きやすいウォーミング・アップ問題でもあるんだよ。

演習問題 32	制限時間5分	難易度	CHECK1	CHECK2	CHECK3

3次関数 $f(x)=x^3+px^2+qx+r$ は，$x=0$ で極大，$x=m$ で極小となり，極小値は 0 であるとする。

このとき $p=-\frac{\boxed{ア}}{\boxed{イ}}m$，$q=\boxed{ウ}$ であり，

$f(x)$ は $f(x)=(x-m)^2\left(x+\frac{m}{\boxed{エ}}\right)$ と因数分解できる。さらに，極大値が 4 であるとする。このとき $m=\boxed{オ}$ となり，

$f(x)$ は $f(x)=(x-\boxed{オ})^2(x+\boxed{カ})$ となる。

ヒント！ 3次関数 $y=f(x)$ が，$x=0$ で極大値，$x=m$ で極小値 0 をとると，条件で与えられているから，これを式で表すと，$f'(0)=0$，$f'(m)=0$，$f(m)=0$ となるんだね。大丈夫？

解答＆解説

$y=f(x)=x^3+px^2+qx+r$ とおくよ。

これを x で微分して，

$f'(x)=3x^2+2px+q$ だね。

条件として，$\begin{cases} x=0 \text{ で極大値をとり，} \\ x=m \text{ で極小値 } 0 \text{ をとる。} \end{cases}$

よって，$\begin{cases} f'(0)=\boxed{q=0} & \cdots\cdots① \\ f'(m)=\boxed{3m^2+2pm+q=0} & \cdots\cdots② \\ f(m)\ =\boxed{m^3+pm^2+qm+r=0} & \cdots\cdots③ \end{cases}$

ココがポイント

⇦ x^3 の係数は 1 で正だから $y=f(x)$ のイメージは

だね。

⇦

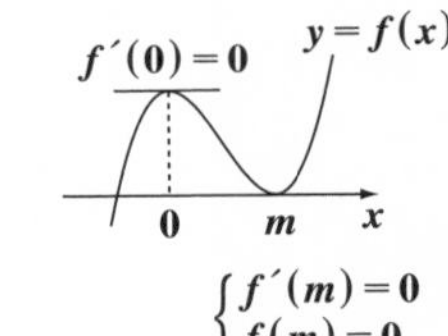

①を②に代入して，

$3m^2+2pm=0$ だね。$m \neq 0$ より，この両辺を m で割って，$3m+2p=0$　　$\therefore p=-\dfrac{3}{2}m$

以上より，$p=-\dfrac{3}{2}m$，$q=0$ だ。……(答)(ア，イ，ウ)

これらを③に代入すると，

$$m^3-\frac{3}{2}m^3+r=0 \qquad \therefore r=\frac{1}{2}m^3$$

⇦ これで，$p=-\dfrac{3}{2}m$，$q=0$，$r=\dfrac{1}{2}m^3$ だから，$f(x)=x^3-\dfrac{3}{2}mx^2+\dfrac{1}{2}m^3$ だ。

よって，$f(x)=x^3-\dfrac{3}{2}mx^2+\dfrac{1}{2}m^3$ ……④

右図より，$f(x)$ は $(x-m)^2$ で割り切れるので，組立て除法を使うと，

$$f(x)=(x-m)^2\left(x+\frac{m}{2}\right)$$

……⑤…(答)(エ)

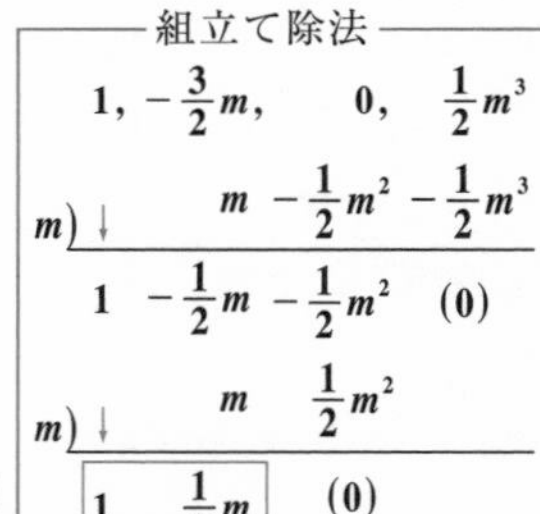

組立て除法
1，$-\frac{3}{2}m$，　0，　$\frac{1}{2}m^3$
m)　m　$-\frac{1}{2}m^2$　$-\frac{1}{2}m^3$
1　$-\frac{1}{2}m$　$-\frac{1}{2}m^2$　(0)
m)　m　$\frac{1}{2}m^2$
1　$\frac{1}{2}m$　(0)

$f(x)$ を $(x-m)^2$ で割った商は，$x+\dfrac{m}{2}$ だ！

⇦

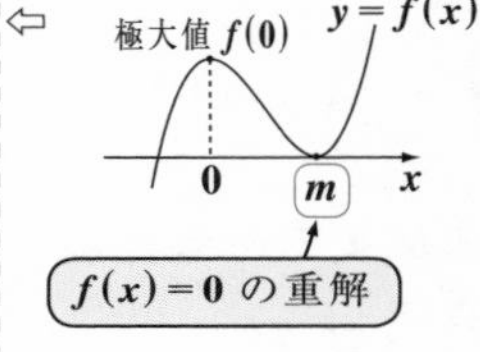

$f(x)=0$ の重解

ここで，さらに極大値 $f(0)=4$ の条件より，

④から，$f(0)=\boxed{\dfrac{1}{2}m^3=4}$　　$\therefore m=2$ ……(答)(オ)

⇦ $m^3=8=2^3$　$\therefore m=2$ だね。

これを⑤に代入して，

$f(x)=(x-2)^2(x+1)$ だね。………………(答)(オ，カ)

どうだった？易しかった？数学っていうのは，最初は易しいんだ。でも，だんだんレベルが上がっていくから，気を抜かずに勉強していこう！

● 文字定数を含む3次方程式の問題を解こう！

微分法の応用として，文字定数を含む3次方程式の実数解の個数を求める問題は頻出なんだ。ここで，シッカリ練習しておこう。

演習問題 33	制限時間4分	難易度 ☆☆	CHECK1	CHECK2	CHECK3

3次方程式：$2x^3-9ax^2+12a^2x-a^2=0$ ……① （a：実数定数）

が，異なる3つの実数解をもつとき，aの取り得る値の範囲は，

$\dfrac{1}{\boxed{\text{ア}}}<a<\dfrac{1}{\boxed{\text{イ}}}$ である。

ヒント！ 分離できない文字定数aを含むxの3次方程式：$f(x)=0$が相異なる3実数解をもつための条件は，3次関数$y=f(x)$の極大値・極小値について，極大値×極小値<0となることなんだ。これは，すごく大事だから，文字定数が分離できる場合と併せて，Babaのレクチャーで詳しく解説しよう。

Babaのレクチャー

文字定数を含む3次方程式の実数解の個数の求め方

（Ⅰ）文字定数aなどが分離できる場合

文字定数を含む3次方程式で，文字定数aなどを分離できる場合，aを分離して，$f(x)=a$の形にもち込むんだ。そして，

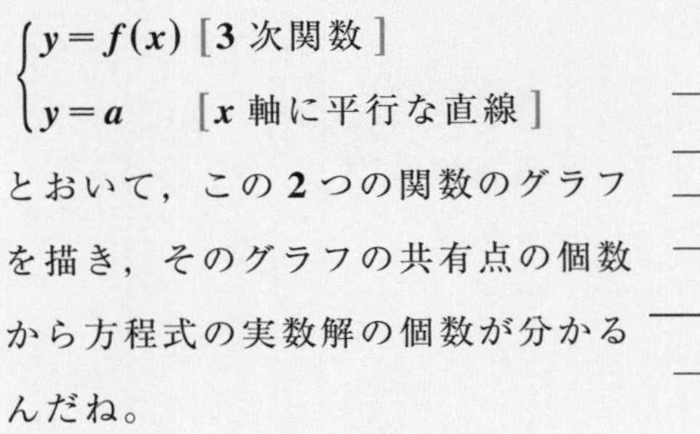

$\begin{cases} y=f(x) & [3次関数] \\ y=a & [x軸に平行な直線] \end{cases}$

とおいて，この2つの関数のグラフを描き，そのグラフの共有点の個数から方程式の実数解の個数が分かるんだね。

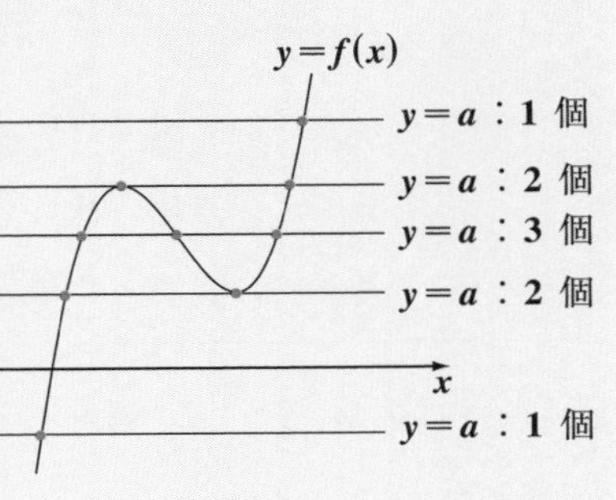

(Ⅱ) 文字定数 a や b などが分離できない場合

たとえば，$x^3+ax^2+(a-2)x+1=0$ や，$x^3+ax^2+bx+1=0$ など

a の分離不能　　文字が 2 つあって分離不能

のように，文字定数を含む 3 次方程式で，その文字定数を分離できない場合の解法のパターンは次の通りだ。

一般に，文字定数を含む 3 次方程式を，

$f(x)=0$ ……① とおこう。

文字定数を含む 3 次式

このとき，①を分解して，$\begin{cases} y=f(x) & [3\text{ 次関数}] \\ y=0 & [x\text{ 軸}] \end{cases}$

とおくと，3 次関数 $y=f(x)$ のグラフと x 軸との共有点の x 座標が①の 3 次方程式の実数解となるんだね。

だから，関数 $y=f(x)$ の極値の符号によって，①の方程式の異なる

極大値と極小値の総称だ！

実数解の個数は次のように分類できるんだ。

どちらかが，極大値で，どちらかが極小値ってこと

(Ⅰ) $y=f(x)$ が極値をもたない場合：1 実数解

(Ⅱ) $y=f(x)$ が極値をもつ場合

(ⅰ) 極値 × 極値 >0 のとき：1 実数解

(ⅱ) 極値 × 極値 $=0$ のとき：2 実数解

(ⅲ) 極値 × 極値 <0 のとき：3 実数解

エッ？ 分かりづらいって？ いいよ。これからグラフで示すからね。一目瞭然のはずだよ。

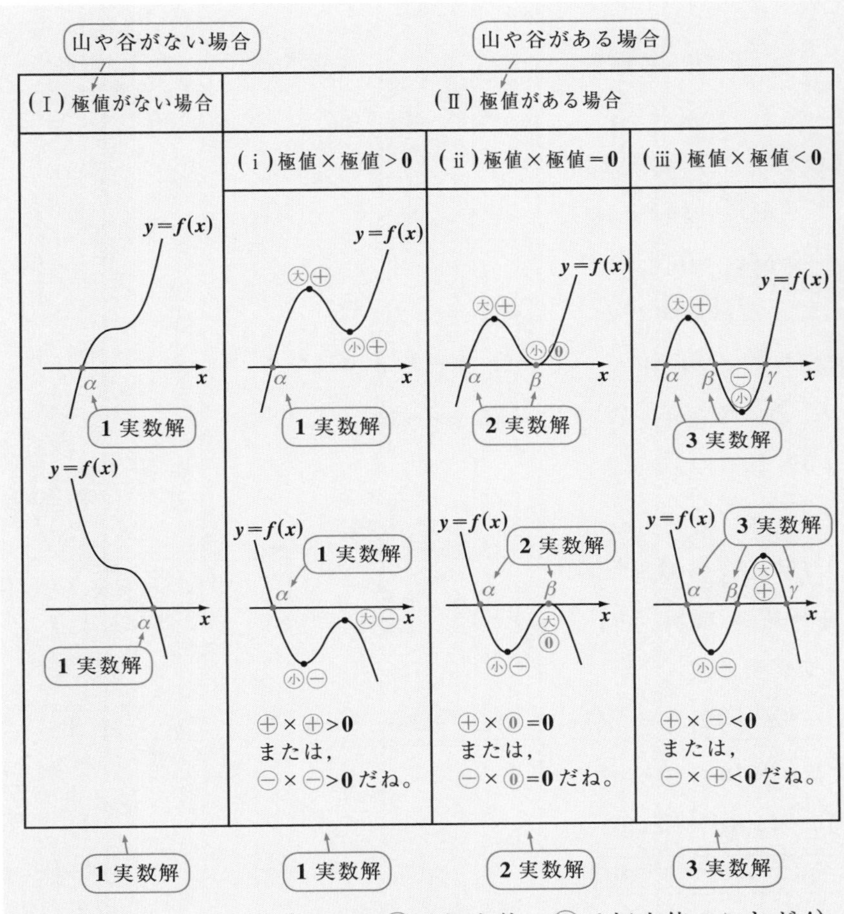

(ここで大は極大値，小は極小値のことだ！)

今回の問題は，この文字定数が分離できない 3 次方程式の問題なんだね。このパターンに従って，早速解いてみよう。

解答＆解説

ココがポイント

それでは，3 次方程式の問題を解こう。

$$2x^3-9ax^2+12a^2x-a^2=0 \quad \cdots\cdots ①$$

文字定数 a は分離不能

ここで，$\begin{cases} y=f(x)=2x^3-9ax^2+12a^2x-a^2 \\ y=0 \ [x軸] \end{cases}$ とおく。

⇦ $f(x)=0$ から，まず $\begin{cases} y=f(x) \\ y=0 \ [x軸] \end{cases}$ の形に分解する。

$f(x)$ を x で微分して，

$$f'(x)=6x^2-18ax+12a^2$$
$$=6(x^2-3ax+2a^2)$$
$$=6(x-a)(x-2a)$$

よって，$f'(x)=0$ のとき，$x=a$，$2a$ だ。

3 次方程式 $f(x)=0$ ……① が相異なる 3 実数解をもつための条件が，次の 2 つになるのは大丈夫？

(i) $a\neq 2a$ 　$\therefore a\neq 0$

⇦ もし，$a=2a$ とすると，$y=f(x)$ のグラフは極値をもたないので，1 実数解になってしまう。

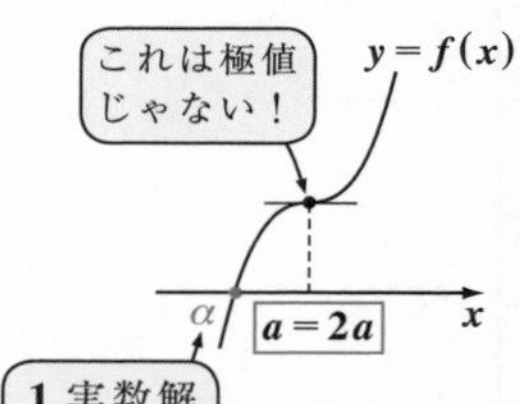

今回は次の形だ。

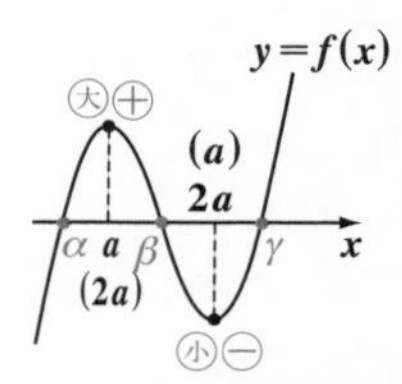

つまり，極値 × 極値 < 0 で，3 実数解 α，β，γ をもつんだ。

かつ

(ii) $f(a)\times f(2a)<0$ 　だね。

　[極値 × 極値 < 0]

(ii) を変形して，

$$(2a^3-9a^3+12a^3-a^2)(16a^3-36a^3+24a^3-a^2)<0$$
$$(5a^3-a^2)(4a^3-a^2)<0$$
$$a^4(5a-1)(4a-1)<0$$

$a\neq 0$ より，$a^4>0$ だね！

$a^4>0$ より，この両辺を a^4 で割って，

$$(5a-1)(4a-1)<0$$

$\therefore \dfrac{1}{5}<a<\dfrac{1}{4}$ だ！ ……………………………(答)(ア，イ)

どう？ 理屈が分かってしまうと，アッサリ問題って解けるもんだろう。

● 3次方程式の解の範囲の問題に挑戦しよう！

次の問題は，3次方程式の解の範囲の問題だ。グラフをうまく使って解くのがコツだよ。レベルはかなり高いけれど，過去に出題された問題だ。頑張って，チャレンジしてごらん。

演習問題 34	制限時間 12 分	難易度	CHECK1	CHECK2	CHECK3

$f(x)=x^3-ax^2+a\ (a>0)$ とする。

(1) 関数 $f(x)$ は，$x=$ ［ア］ のとき極大値をとり，

$x=\dfrac{［イウ］}{［エ］}$ のとき極小値をとる。

(2) 方程式 $f(x)=0$ が，$x<3$ の範囲に，異なる3実数解をもつための

a の範囲は，$\dfrac{［オ］\sqrt{［カ］}}{［キ］}<a<\dfrac{［クケ］}{［コ］}$ である。そのとき，

$f(x)=0$ をみたす整数が存在するのは，a が $\dfrac{［サ］}{［シ］}$ のときである。

ヒント！ (1)は特に問題ないはずだ。問題は(2)だね。3次方程式 $f(x)=0$ の異なる3実数解が，$\alpha<\beta<\gamma<3$ となる条件を求めるんだ。これはグラフを使ってヴィジュアルに解いていくんだよ。

解答＆解説

$y=f(x)=x^3-ax^2+a$ ……① $(a>0)$ とおくよ。

(1) ①を x で微分して，

$f'(x)=3x^2-2ax$

$=x(3x-2a)$ だね。

ココがポイント

⇦ x^3 の係数が1より，$y=f(x)$ のグラフは

の形だ。

よって，$f'(x)=0$ のとき，$x=0,\ \dfrac{2}{3}a$
⊕$(\because a>0)$

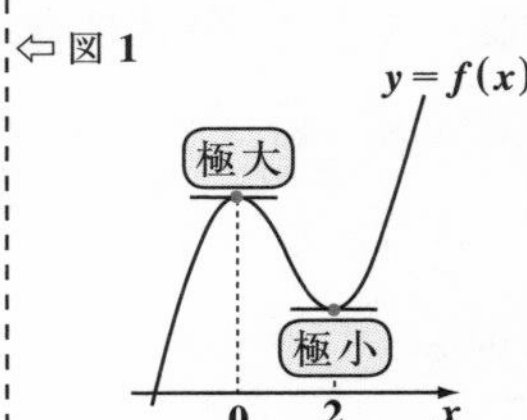

よって，$y=f(x)$ は，図1より，

$x=0$ のとき極大値，$x=\dfrac{2a}{3}$ のとき極小値をとる。……………………………………(答)(ア，イウ，エ)

(2) 次，方程式 $f(x)=0$ が，相異なる3実数解 α，β，γ をもち，

それが，$\alpha<\beta<\gamma<3$ をみたす a の値の範囲を求めるんだね。

⇦これが解の範囲の問題だ。

そのためには，解 α，β，γ と3が，図2のような位置関係になればいいわけだ。

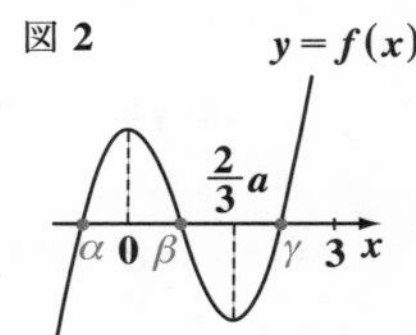

そのための条件を1つずつグラフから押さえていこう。

(i) まず，当然 $\dfrac{2}{3}a<3$ $\quad\therefore a<\dfrac{9}{2}$ (4.5)

次に，相異なる3実数解をもつわけだから，

⇦図3

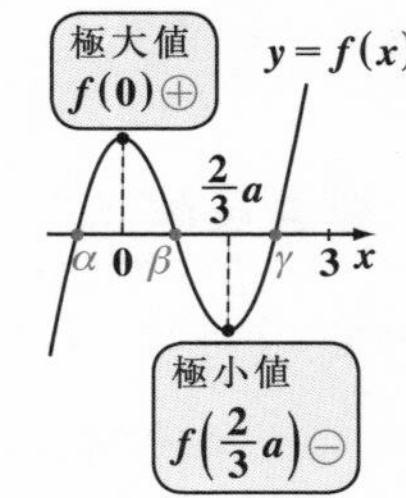

(ii) 極大値 $f(0)=\boxed{a>0}$ $\quad\therefore a>0$

(iii) 極小値 $f\left(\dfrac{2}{3}a\right)=\left(\dfrac{2}{3}a\right)^3-a\cdot\left(\dfrac{2}{3}a\right)^2+a$

$$=\boxed{-\frac{4}{27}a^3+a<0}$$

この両辺に -27 をかけて，

$4a^3-27a>0$

$a(4a^2-27)>0$

⊕だ！ $\because a>0$

$a>0$ より，この両辺を a で割って，

$$4a^2-27>0$$

$$(2a+3\sqrt{3})(2a-3\sqrt{3})>0$$

（これも⊕だ！ $\because a>0$）

$2a+3\sqrt{3}>0$ より，この両辺をこれで割って，

$$2a-3\sqrt{3}>0 \qquad \therefore a>\boxed{\frac{3\sqrt{3}}{2}} \;(\fallingdotseq 2.6)$$

以上 (i)(ii)(iii) で条件が出尽くしたと思う？まだだね。図 4−(1) を見てくれ。これまでの条件だけだと，まだ，この図のように，$3\leqq\gamma$ となるかも知れないんだね。あくまでも，図 4−(2) のように，$\gamma<3$ となるようにするためには，次の条件 (iv) が必要なんだね。

図 4−(1) *NG*だ！

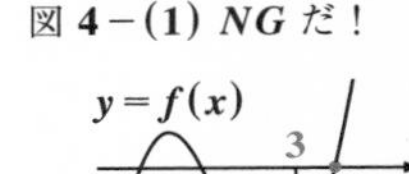

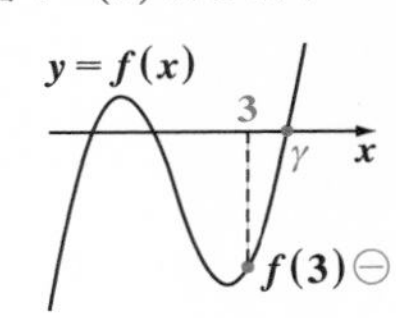

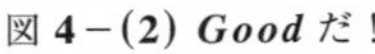

図 4−(2) *Good*だ！

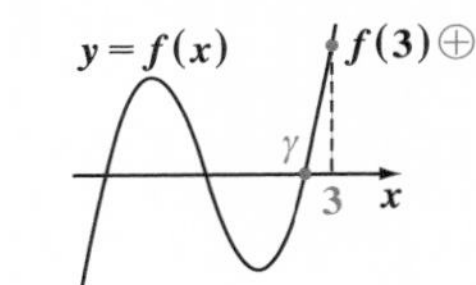

(iv) $f(3)=3^3-a\cdot3^2+a$

$$=\boxed{-8a+27>0} \qquad \therefore a<\boxed{\frac{27}{8}} \;(\fallingdotseq 3.4)$$

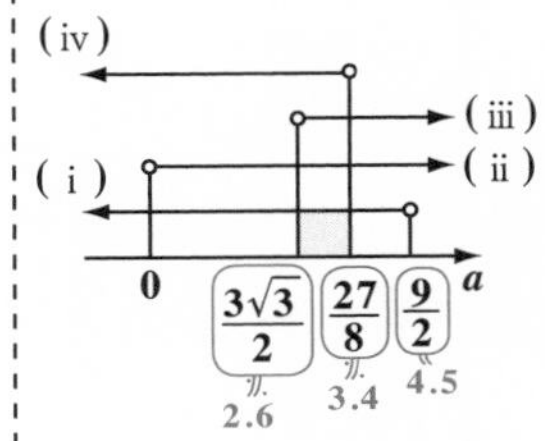

以上 (i) ～ (iv) より，求める a の値の範囲は，

$$\frac{3\sqrt{3}}{2}<a<\frac{27}{8}$$ だね。……(答)(オ, カ, キ, クケ, コ)

それじゃ，最後の問題に入るよ。

$f(x)=0$ が整数解をもつ条件を調べるんだね。つまり，解 α，β，γ のうち少なくとも 1 つが整数となるように a の値を決めるんだ。さァ，どうする？

当然3より小さい2，1，0，-1などが整数解となる可能性があるわけだから，$x=-1, 0, 1$のときの$y=f(x)$のy座標をチェックしてみよう。

$$f(-1)=(-1)^3-a\cdot(-1)^2+a=-1<0$$

$$f(0)=a>0$$

$$f(1)=1^3-a\cdot 1^2+a=1>0$$

また，$f(3)$は当然$f(3)>0$だ。

図5から，αは，$-1<\alpha<0$なので，当然整数にはならないね。よって，整数になるのは，βまたはγで，$1<\beta<\gamma<3$より，βまたはγが整数2をとる可能性があるわけだ。いずれにせよ，整数解は2となるはずだから，

$f(2)=\boxed{8-4a+a=0}$ だ。 $\therefore a=\frac{8}{3}$ (答)(サ, シ)

図5

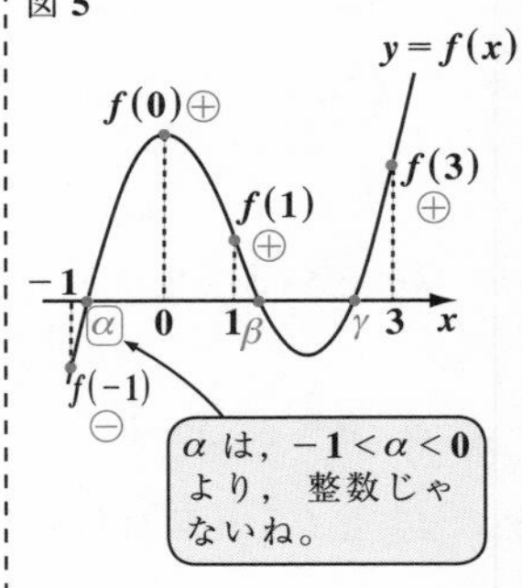

どう？ 難しかった？ でも，グラフを沢山使いながら，ヴィジュアル(視覚的)に解けば，結構レベルの高い問題だって，楽にこなせるものなんだね。要領はつかめた？

これまでの問題は，“微分法”に的を絞った問題だったんだよ。さァ，それでは，これから，“積分法”の問題や，“微分と積分の融合問題”にもチャレンジしよう。

まず，積分法のメインテーマである定積分による“面積計算”について，その基本を次のBabaのレクチャーで示そう。

Babaのレクチャー

定積分による面積計算の基本

図**1**のように，区間 $a \leqq x \leqq b$ で，**2**つの曲線 $y=f(x)$ と $y=g(x)$ ではさまれる部分の面積 S は，

$$S=\int_a^b \{\underbrace{f(x)}_{\text{上側}}-\underbrace{g(x)}_{\text{下側}}\}dx$$ と計算する。

図 1

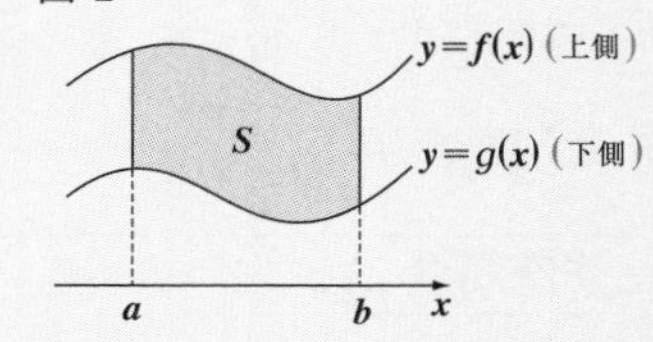

そして，この面積計算では，**2**つの曲線の上下関係が非常に大事なんだ。

たとえば，図**2**のように，$x=c$ で，**2**つの曲線の上下関係が変わる場合，網目部で表された部分の面積 S は，

図 2

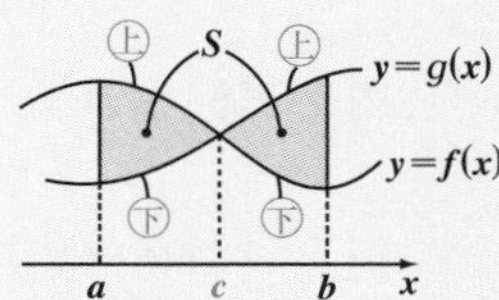

$$S=\int_a^c \{\underbrace{f(x)}_{\text{上側}}-\underbrace{g(x)}_{\text{下側}}\}dx+\int_c^b \{\underbrace{g(x)}_{\text{上側}}-\underbrace{f(x)}_{\text{下側}}\}dx$$ と計算するんだね。

また，$y=f(x)$ と x 軸とではさまれる部分の面積 S の計算も，

(i) $f(x)>0$ のとき，

$$S=\int_a^b f(x)dx$$ だね。

$f(x)-0$ とみる。（上）（下）

(i) $f(x)>0$ のとき，

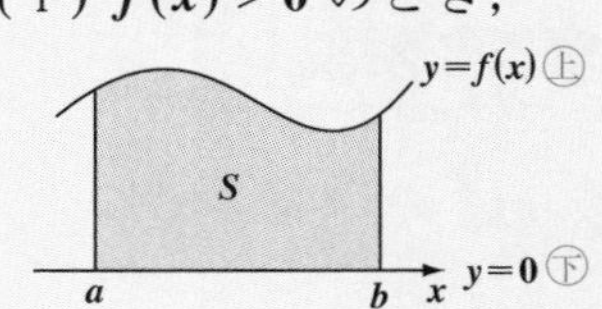

(ii) $f(x) \leqq 0$ のとき，

$$S=-\int_a^b f(x)dx$$ となる。

$0-f(x)$ とみる。（上）（下）

(ii) $f(x) \leqq 0$ のとき，

● 円と放物線で囲まれる部分の面積を求めよう！

それでは，これから，円と放物線とで囲まれる図形の面積を求めてみよう。求める面積を 2 等分したり，また，定積分を必要としない扇形の部分と，定積分により面積を求める部分に分けたり，工夫して解いていくことがポイントだよ。

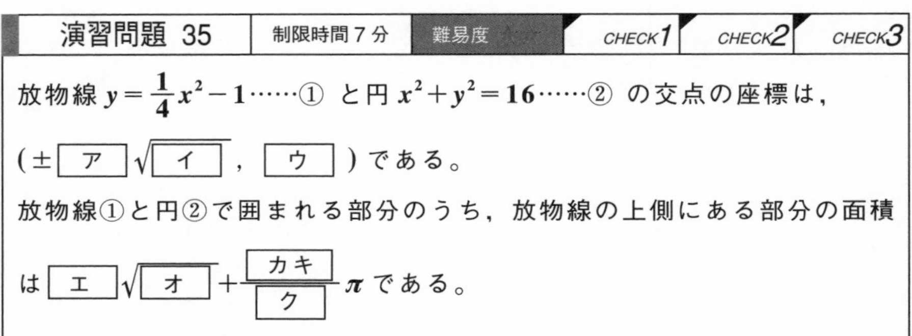

放物線 $y=\frac{1}{4}x^2-1$……① と円 $x^2+y^2=16$……② の交点の座標は，

$(\pm$ ア $\sqrt{\text{イ}}$, ウ $)$ である。

放物線①と円②で囲まれる部分のうち，放物線の上側にある部分の面積は エ $\sqrt{\text{オ}}+\frac{\text{カキ}}{\text{ク}}\pi$ である。

ヒント！ ①，②から x を消去して y の 2 次方程式を作って，まず交点の y 座標を求めることがコツだ。もし，y を消去すると，x の 4 次方程式が出てきて大変になるからだ。①と②で囲まれる図形は，まず y 軸に対称な形をしているので，$x\geqq 0$ の部分の面積を求めて，2 倍すればいい。

解答＆解説

放物線 $y=\frac{1}{4}x^2-1$ ……① ⇦ 頂点 $(0,\ -1)$ の下に凸となる放物線

円 $x^2+y^2=16$ …………②とおく。 ⇦ 中心 $(0,\ 0)$，半径 4 の円

①より，$x^2=4y+4$……①′

①′より，$x^2=\boxed{4y+4\geqq 0}$　　$\therefore y\geqq -1$

①′を②に代入して，

$4y+4+y^2=16$

ココがポイント

⇦ 円と放物線の共有点の座標を求める場合，x^2 を消去して，y の 2 次方程式にもち込むことがコツだ！

$y^2+4y-12=0$

$(y+6)(y-2)=0 \quad \therefore y=2$ ……③

③を①´に代入して，

$x^2=4\cdot 2+4=12$

$\therefore x=\pm\sqrt{12}=\pm 2\sqrt{3}$

⇦ $y \geqq -1$ より，$y=-6$ は解ではない！

以上より，放物線①と円②の交点の座標は，

$(\pm 2\sqrt{3},\ 2)$ である。……………………(答)(ア，イ，ウ)

①の放物線と②の円で囲まれる上側の部分を図1に網目部で示すよ。これは，左右対称なので，図2のように，$x \geqq 0$ の部分の面積を求めて2倍すればいいんだね。

図1

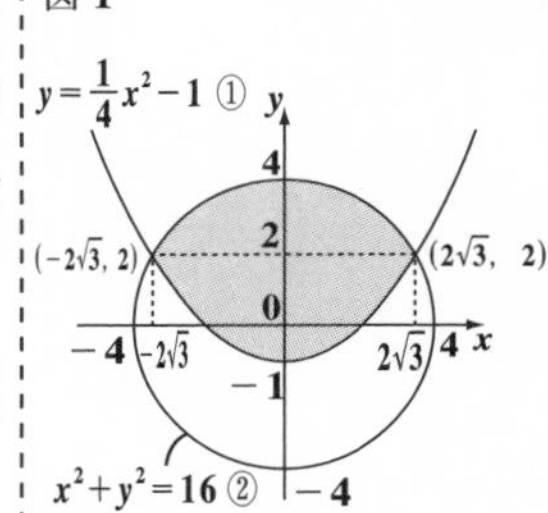

ここで，この右半分もさらに2つの部分の面積 S_1 と S_2 に分割すると分かりやすいだろう。

交点の座標が $(2\sqrt{3},\ 2)$ より，S_1 は中心角 $60°$ の扇形の面積なんだね。また，

S_2 は，$0 \leqq x \leqq 2\sqrt{3}$ の範囲で，直線 $y=\frac{1}{\sqrt{3}}x$ と曲線 $y=\frac{1}{4}x^2-1$ とではさまれる部分の面積のことだ。

図2

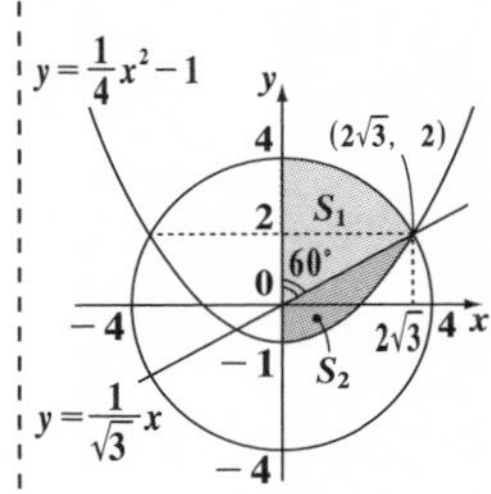

以上より，求める面積 S は，

$$S=2(\underline{S_1}+\underline{\underline{S_2}})$$

$$=2\left[\underline{\pi\cdot 4^2\times\underbrace{\frac{1}{6}}_{\frac{60°}{360°}}}+\underline{\underline{\int_0^{2\sqrt{3}}\left\{\underbrace{\frac{1}{\sqrt{3}}x}_{\text{上側}}-\underbrace{\left(\frac{1}{4}x^2-1\right)}_{\text{下側}}\right\}dx}}\right]$$

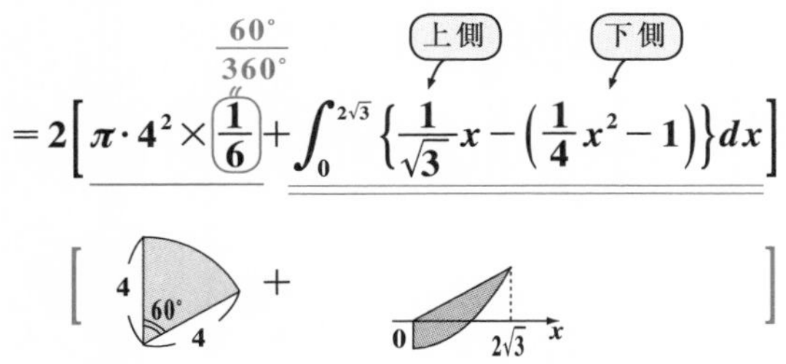

$$=2\left\{\frac{8}{3}\pi+\int_0^{2\sqrt{3}}\left(-\frac{1}{4}x^2+\frac{1}{\sqrt{3}}x+1\right)dx\right\}$$

$$=2\left\{\frac{8}{3}\pi+\left[-\frac{1}{12}x^3+\frac{1}{2\sqrt{3}}x^2+x\right]_0^{2\sqrt{3}}\right\}$$

$$=2\left(\frac{8}{3}\pi-2\sqrt{3}+2\sqrt{3}+2\sqrt{3}\right)$$

$=4\sqrt{3}+\dfrac{16}{3}\pi$ ……………………(答)(エ, オ, カキ, ク)

Baba のレクチャー

ここで，右に示すように，半径 r，中心角 θ の扇形の面積を A とおくと，A は，θ を"度"ではなく"ラジアン"で表せば，

面積 $A=\dfrac{1}{2}r^2\theta$　となる。

$[\theta$（ラジアン）$]$

今回の S_1 は，半径 $r=4$，中心角 $\theta=\dfrac{\pi}{3}$（ラジアン）$(=60°)$ の扇形の面積のことなので，この公式を用いて，

$S_1=\dfrac{1}{2}\cdot4^2\cdot\dfrac{\pi}{3}=\dfrac{8}{3}\pi$ と求めてもいいよ。

それでは，次，"面積公式を使った面積計算"の問題も練習してみよう。ある条件をみたせば，積分計算することなしに面積を求めることができるので，非常に便利なんだよ。

2 次関数の関係した面積公式は **3** つある。それをまず，**Baba** のレクチャーで示すことにしよう。

Baba のレクチャー

面積公式について，紹介しよう！

(Ⅰ) 面積公式 (Part1)

図 1

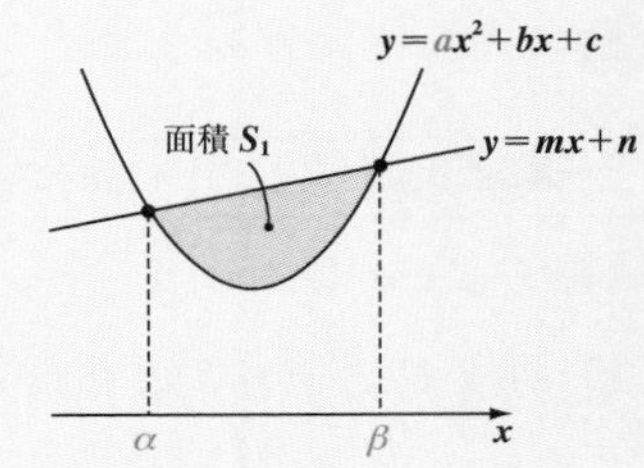

図 1 に示すように，放物線 $y=ax^2+bx+c$ と直線 $y=mx+n$ とで囲まれる図形の面積を S_1 とおくと，これは a と 2 つの交点の x 座標 α，β $(\alpha<\beta)$ を用いて，

$S_1=\dfrac{|a|}{6}(\beta-\alpha)^3$ と計算できる。

(Ⅱ) 面積公式 (Part2)

図 2

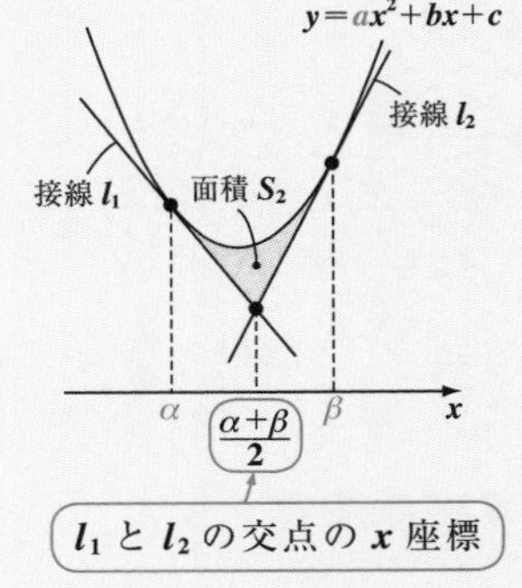

図 2 に示すように，放物線 $y=ax^2+bx+c$ とその 2 つの接線 l_1，l_2 とで囲まれる図形の面積を S_2 とおくと，これは a と 2 つの接点の x 座標 α，β $(\alpha<\beta)$ を用いて，

$S_2=\dfrac{|a|}{12}(\beta-\alpha)^3$ と計算できる。

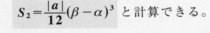

(Ⅲ) 面積公式 (Part3)

図 3

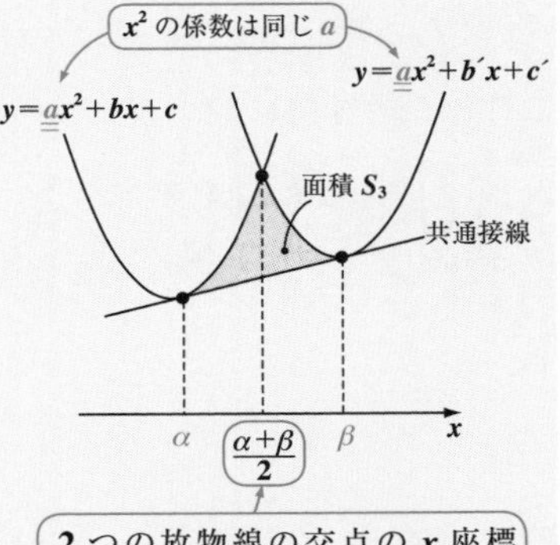

図 3 に示すように，2 つの放物線 $y=ax^2+bx+c$ と $y=ax^2+b'x+c'$ と，その共通接線 l とで囲まれる図形の面積を S_3 とおくと，これは，a と 2 つの接点の x 座標 α，β $(\alpha<\beta)$ を用いて，

$S_3=\dfrac{|a|}{12}(\beta-\alpha)^3$ と計算できる。

● 絶対値の入った2次関数の面積はこう求めよう！

絶対値の入った関数と面積公式を絡めた問題も，これから共通テストで出題されるかもしれない。だから，次の問題で慣れておくといいよ。これで，面積公式の使い方もうまくなると思う。

演習問題 36	制限時間 10 分	難易度	CHECK 1	CHECK 2	CHECK 3

曲線 C：$y=|2x(x-1)|$ と，直線 l：$y=-x+1$ がある。

(1) 曲線 C と直線 l の共有点の x 座標を小さい順に並べると，

$x=-\dfrac{1}{\boxed{ア}}$，$\dfrac{1}{\boxed{イ}}$，$\boxed{ウ}$ である。

(2) 曲線 C と直線 l とで囲まれる部分の面積は，$\dfrac{\boxed{エオ}}{\boxed{カキ}}$ である。

ヒント！ $y=|2x(x-1)|$ のグラフ C は，$y=2x(x-1)$ のグラフのうち，$y \leqq 0$ の部分を x 軸に関して上に折り返した形になる。
(2) では，グラフから2つの部分の面積の和を求めればいいんだね。ここで，面積公式 (Part1)：$\dfrac{|a|}{6}(\beta-\alpha)^3$ を多用することになるんだよ。頑張れ！

解答＆解説

$$\begin{cases} 曲線 C：y=|2x(x-1)| \quad \cdots\cdots ① \\ 直線 l：y=-x+1 \quad \cdots\cdots ② \end{cases}$$ とおくよ。

ここで，絶対値について，次の公式は知っているね。

$$|A|=\begin{cases} A & (A \geqq 0 のとき) \\ -A & (A \leqq 0 のとき) \end{cases}$$

ココがポイント

⇦ $x=0$，1 のとき，$y=0$ だから，曲線 C は 2点 $(0,\ 0)$，$(1,\ 0)$ を通る。

だから，曲線 C の式は，$f(x)=2x(x-1)$ とおくと，

$$y=|f(x)|=\begin{cases} f(x) & (f(x)\geqq 0 \text{ のとき}) \\ -f(x) & (f(x)\leqq 0 \text{ のとき}) \end{cases}$$ だね。

折り返す ← x 軸の下側の部分

図 1

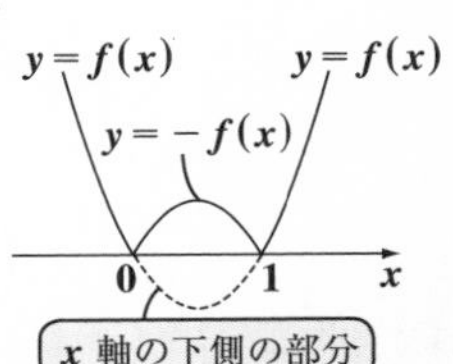

よって，図 1 のように，$y=f(x)\leqq 0$，つまり x 軸より下側にある部分は，$y=-f(x)$ となるわけだから，x 軸に関して上に折り返してやればいいんだね。

(1) 曲線 C と l との位置関係は図 2 のようになるのはいいね。よって，曲線 C と直線 l が，$x=1$ で共有点をもつのは明らかだね。

図 2

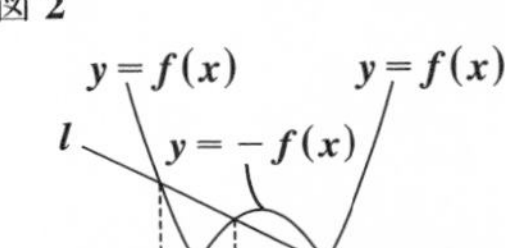

$x=1$ 以外の共有点の x 座標を，図 2 のように，x_1，x_2 とおいて，これを求めてみることにしよう。

(i) $\begin{cases} y=f(x)=2x(x-1) & \cdots\cdots① ' \\ y=-x+1 & \cdots\cdots\cdots\cdots\cdots\cdots② \end{cases}$

①′，②より y を消去して，

$2x^2-2x=-x+1$，　$2x^2-x-1=0$

$(2x+1)(x-1)=0$

$\therefore\ x=1,\ -\dfrac{1}{2}$ より，$x_1=-\dfrac{1}{2}$ だね。

図 3

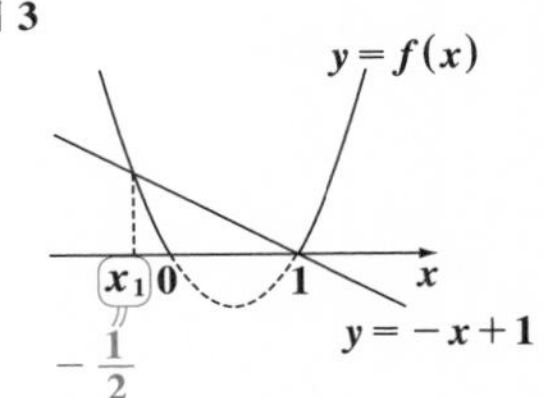

(ii) $\begin{cases} y=-f(x)=-2x(x-1) & \cdots\cdots① '' \\ y=-x+1 & \cdots\cdots\cdots\cdots\cdots\cdots② \end{cases}$

①″，②より y を消去して，

$-2x^2+2x=-x+1$，$2x^2-3x+1=0$

$(2x-1)(x-1)=0$

$\therefore\ x=1,\ \dfrac{1}{2}$ より，$x_2=\dfrac{1}{2}$ だ。

図 4

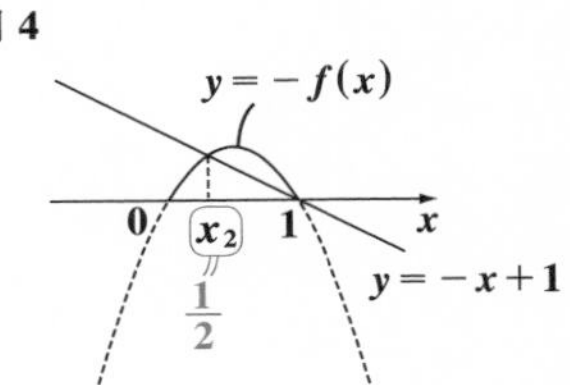

以上 (i), (ii) より, 曲線 C と直線 l の共有点の x 座標を小さい順に並べると,

$-\frac{1}{2}$ (x_1), $\frac{1}{2}$ (x_2), 1 となる。……………(答)(ア, イ, ウ)

(2) 曲線 C と直線 l で囲まれる部分は, 図 5 に示すように 2 つあるんだね。それらの面積を S_1, S_2 とおくと, 求める面積 S は当然,

$S = S_1 + S_2$ となるんだね。

ここで, 面積 S_1 は, 面積計算 (**Part1**) を使えば, 次のように一発で求めることができるだろう。

図 5

$y=2x^2-2x$ 　$y=2x^2-2x$ 　$y=-2x^2+2x$ 　S_1 　S_2 　$-\frac{1}{2}$ 　0 　$\frac{1}{2}$ 　1 　x

$$S_1 = \frac{|-2|}{6}\left(1-\frac{1}{2}\right)^3 = \frac{1}{3}\cdot\left(\frac{1}{2}\right)^3 = \frac{1}{24} \text{ だ。}$$

(図 6 を見てくれ!)

図 6

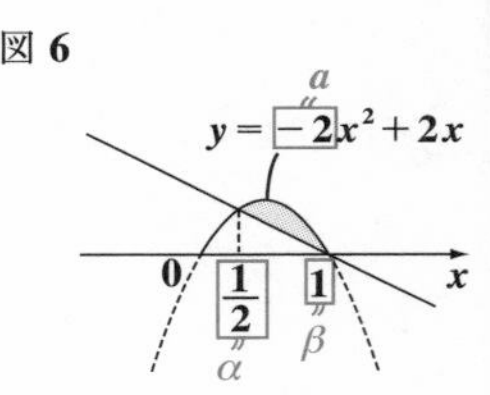

問題は, S_2 をどうやって算出するかだね。これも, 次のように考えると, 面積公式だけでケリがつくんだよ。

$$S_2 = \frac{2}{6}\left\{1-\left(-\frac{1}{2}\right)\right\}^3 - 2\times\frac{2}{6}(1-0)^3 + \frac{|-2|}{6}\left(1-\frac{1}{2}\right)^3$$

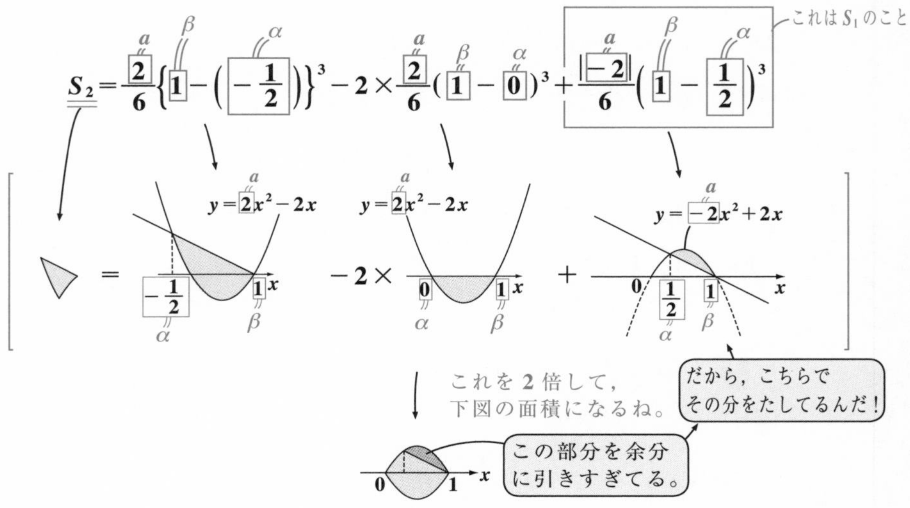

よって，$\underline{\underline{S_2}}=\frac{1}{3}\cdot\left(\frac{3}{2}\right)^3-\frac{2}{3}\cdot1^3+\frac{1}{3}\cdot\left(\frac{1}{2}\right)^3$

$=\frac{9}{8}-\frac{2}{3}+\frac{1}{24}=\frac{27-16+1}{24}=\underline{\underline{\frac{1}{2}}}$

以上より，求める面積 S は，次のように求まる。

$S=S_1+S_2=\frac{1}{24}+\frac{1}{2}=\frac{13}{24}$ …………(答)(エオ，カキ)

別解

S_2 を面積公式を使わずに，まともに定積分して求めることもできる。右図に示すように，当然 $-\frac{1}{2}\leqq x\leqq0$ と，$0\leqq x\leqq\frac{1}{2}$ の2つの区間に分けて積分するよ。

$y=-x+1$（上側）
$y=2x^2-2x$（下側）
$y=-2x^2+2x$（下側）

$$\underline{\underline{S_2}}=\int_{-\frac{1}{2}}^{0}\{\underbrace{-x+1}_{上側}-(\underbrace{2x^2-2x}_{下側})\}dx+\int_0^{\frac{1}{2}}\{\underbrace{-x+1}_{上側}-(\underbrace{-2x^2+2x}_{下側})\}dx$$

$$=\int_{-\frac{1}{2}}^{0}(-2x^2+x+1)dx+\int_0^{\frac{1}{2}}(2x^2-3x+1)dx$$

$$=\left[-\frac{2}{3}x^3+\frac{1}{2}x^2+x\right]_{-\frac{1}{2}}^{0}+\left[\frac{2}{3}x^3-\frac{3}{2}x^2+x\right]_0^{\frac{1}{2}}$$

$=-\left(\frac{1}{12}+\frac{1}{8}-\frac{1}{2}\right)+\left(\frac{1}{12}-\frac{3}{8}+\frac{1}{2}\right)=\underline{\underline{\frac{1}{2}}}$ と，同じ結果になる。

● 放物線と2接線とで囲まれる図形は面積公式(Part2)だ！

次の問題も，過去に出題された追試の問題だ。面積公式(**Part2**)により，放物線と**2**つの接線とで囲まれる図形の面積を求めるんだね。

演習問題 37	制限時間 6 分	難易度 ★★	CHECK 1	CHECK 2	CHECK 3

放物線 C : $y=\frac{1}{2}x^2$ 上の点 **P** の x 座標を a $(a>0)$ とする。

P における C の接線を l_1 とし，l_1 と直交する C の接線を l_2 とする。

また，l_2 と C の接点を **Q** とする。

(1) **Q** の x 座標は，$\frac{\boxed{\text{アイ}}}{\boxed{\text{ウ}}}$ であり，l_2 の方程式は，

$$y=\frac{\boxed{\text{エオ}}}{\boxed{\text{カ}}}x-\frac{\boxed{\text{キ}}}{\boxed{\text{ク}}\,a^2}$$ である。

(2) **2** 直線 l_1，l_2 と放物線 C で囲まれる部分の面積は，

$$\frac{1}{\boxed{\text{ケコ}}}\left(\boxed{\text{サ}}+\frac{\boxed{\text{シ}}}{\boxed{\text{ス}}}\right)^{\boxed{\text{セ}}}$$ である。

ヒント！ (1) **2** つの接線が，直交するので，傾き × 傾き $=-1$ を使えば，点 **Q** の x 座標はすぐに求まるし，その点における接線も公式通りだね。(2) 放物線と **2** 接線で囲まれる部分の面積 S を求めるとき，面積公式(**Part2**)：$S=\frac{|a|}{12}(\beta-\alpha)^3$ が使えるんだよ。

解答＆解説

ココがポイント

(1) 放物線 C : $y=f(x)=\frac{1}{2}x^2$ とおく。

これを x で微分すると，$f'(x)=x$ だね。

よって，$y=f(x)$ 上の点 $\mathrm{P}(a,\ f(a))$ における接線の傾きは，$f'(a)=a$ だ。　$(a>0)$

また，$y=f(x)$ 上の点 $\mathrm{Q}(q,\ f(q))$ における接線の傾きも，$f'(q)=q$ だね。

ここで，2 点 P，Q における接線 l_1，l_2 が互いに直交するので，

$f'(a)\times f'(q)=\boxed{a\times q=-1}$ となる。

∴点 Q の x 座標 q は，$q=\dfrac{-1}{a}$ …(答)(アイ，ウ)

また，点 $\mathrm{Q}\left(-\dfrac{1}{a},\ f\left(-\dfrac{1}{a}\right)\right)$ における接線 l_2 の方程式は，

$$y=-\frac{1}{a}\left\{x-\left(-\frac{1}{a}\right)\right\}+\frac{1}{2}\cdot\left(-\frac{1}{a}\right)^2$$

⇦ 接線の公式 $y=f'\left(-\dfrac{1}{a}\right)\left\{x-\left(-\dfrac{1}{a}\right)\right\}+f\left(-\dfrac{1}{a}\right)$ を使ったんだ。

これをまとめて，次のようになるね。

$$\therefore\ y=\frac{-1}{a}x-\frac{1}{2a^2}$$ …………(答)(エオ，カ，キ，ク)

(2) 放物線と 2 つの接線とで囲まれる部分の面積 S を求めよう。右図より，面積公式に必要な係数が，

$a=\dfrac{1}{2}$，$\alpha=-\dfrac{1}{a}$，$\beta=a$ と分かるね。よって，

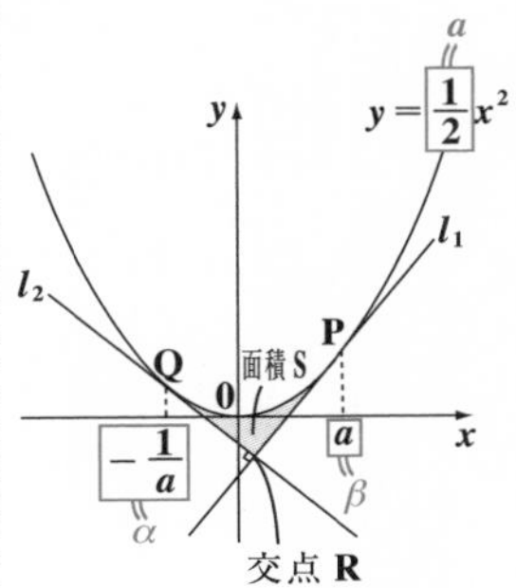

面積 $S=\dfrac{\left|\frac{1}{2}\right|}{12}\left\{a-\left(-\dfrac{1}{a}\right)\right\}^3=\dfrac{1}{24}\left(a+\dfrac{1}{a}\right)^3$ となる。

………(答)(ケコ，サ，シ，ス，セ)

⇦ 面積公式 Part2 $S=\dfrac{|a|}{12}(\beta-\alpha)^3$ を使った！

これで，面積公式 (Part2) の使い方も分かっただろう！

● 面積公式(Part3)もマスターしよう！

今回の問題では，2つの放物線と共通接線とで囲まれる部分の面積を求めるよ。この計算には面積公式(Part3)が役に立つんだよ。

演習問題 38	制限時間6分	難易度	CHECK1	CHECK2	CHECK3

2つの放物線 C_1：$y=2x^2$ と C_2：$y=2x^2-4x+4$ がある。

(1) この2つの放物線 C_1，C_2 の両方に接する接線(共通接線)l の方程式は，

$y=$ ア $x-\dfrac{1}{\text{イ}}$ である。

(2) 2つの放物線 C_1 と C_2 および共通接線 l とで囲まれる部分の面積は，

$\dfrac{\text{ウ}}{\text{エ}}$ である。

ヒント！ (1) 放物線 C_1：$y=f(x)=2x^2$ 上の点 $(t,\ f(t))$ における接線の方程式をまず立てるんだね。これはもう1つの放物線 C_2 とも接するので，y を消去して，x の2次方程式にして，重解をもつようにすればいいんだよ。
(2) 2つの放物線の x^2 の係数が等しいとき，これら2つの放物線と共通接線とで囲まれる部分の面積 S は，面積公式(Part3)により，$S=\dfrac{|a|}{12}(\beta-\alpha)^3$ と計算できるんだね。この公式は，面積公式(Part2)とまったく同じ式なので，忘れないはずだ。

解答&解説

(1) $\begin{cases} \text{放物線 } C_1 : y = f(x) = 2x^2 \cdots\cdots\cdots\cdots\text{①} \\ \text{放物線 } C_2 : y = g(x) = 2x^2 - 4x + 4 \cdots\text{②} \end{cases}$ とおく。

$f'(x) = 4x$ だから，まず，$y = f(x)$ 上の点 $(t,\ f(t))$ における接線の方程式を求めるよ。

$y = 4t(x - t) + 2t^2$

$[y = f'(t)(x - t) + f(t)]$

これをまとめて，$y = 4tx - 2t^2 \cdots\cdots$③ だね。

この③は，②の放物線 C_2 とも接するので，②，③から y を消去して，

$2x^2 - 4x + 4 = 4tx - 2t^2$

$2x^2 - 4(t+1)x + 2t^2 + 4 = 0$

$\underset{a}{\boxed{1}}x^2 \underset{2b'}{\boxed{-2(t+1)}}x + \underset{c}{\boxed{t^2+2}} = 0 \cdots\cdots$④

この④の x の 2 次方程式は重解をもつので，

判別式 $\dfrac{D}{4} = \boxed{(t+1)^2 - 1\cdot(t^2+2) = 0}$

$2t - 1 = 0 \qquad \therefore\ t = \boxed{\dfrac{1}{2}} \cdots\cdots$⑤ （①と③の接点の x 座標）

⑤を③に代入して，求める共通接線 l の方程式は，

共通接線 l：$y = 2x - \dfrac{1}{2}$ ………………(答)(ア，イ)

(2) また，⑤を④に代入すると，

$x^2 - 3x + \dfrac{9}{4} = 0,\ \left(x - \dfrac{3}{2}\right)^2 = 0$

ココがポイント

図 1

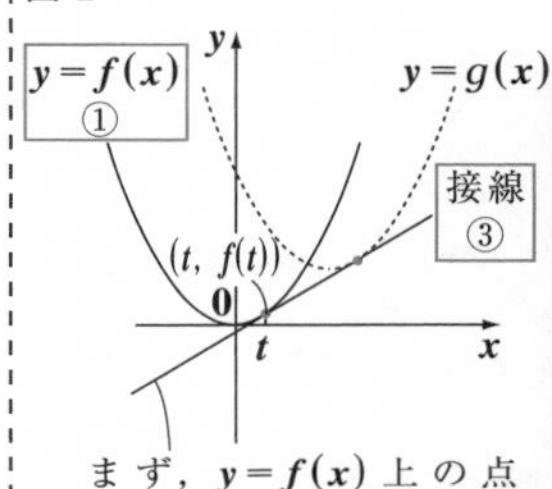

まず，$y = f(x)$ 上の点 $(t,\ t(t))$ における接線の方程式を求める。

図 2

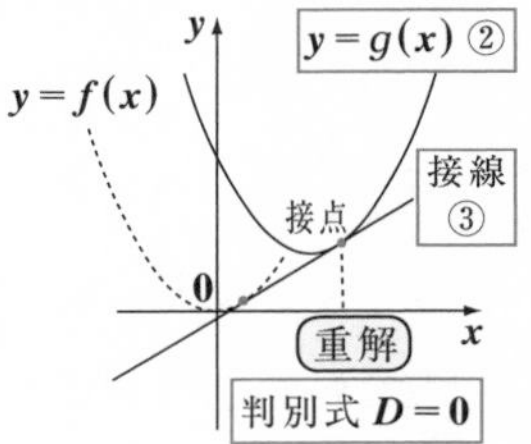

⇦ $\dfrac{D}{4} = b'^2 - ac$ だ。

よって，②と③の接点の x 座標は $\frac{3}{2}$ だ。

以上より，**2** つの放物線①，②と，共通接線③との位置関係は，図 **3** のようになる。

そして，この **2** つの放物線と共通接線とで囲まれる部分の面積 S も，面積公式 (**Part3**) を利用すると，アッという間に求めることができるんだ。

$$\therefore \text{面積 } S=\frac{|2|}{12}\left(\frac{3}{2}-\frac{1}{2}\right)^3=\frac{1}{6} \quad \cdots\cdots\cdots(\text{答})(\text{ウ, エ})$$

面積公式 **Part3**
$S=\frac{|a|}{12}(\beta-\alpha)^3$
を使った！

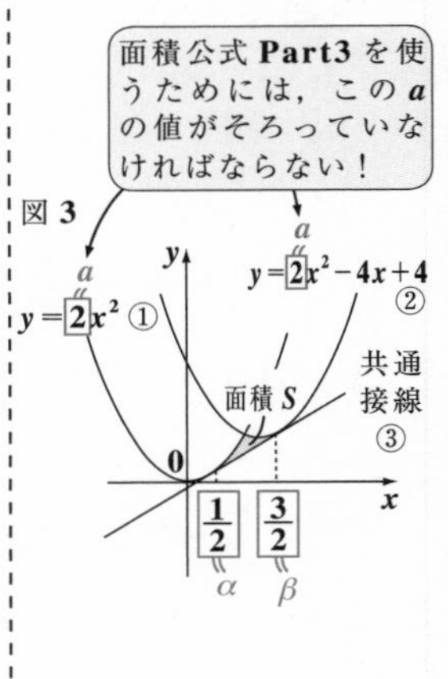

以上で，面積公式の講義はすべて終了です。これだけタップリと時間をかけて解説した理由は，これからも共通テストで出題される可能性が大きいからだ。放物線に関係する面積公式は，この **Part1**，**2**，**3** の **3** つですべてだから，よく練習しておこう。

● 微分・積分の融合問題にも挑戦しよう！

次の問題は，過去に出題された問題で，微分・積分の融合問題になっている。計算量がかなり多いので，テンポよく解いていくことが必要だ。

演習問題 39	制限時間 14 分	難易度 ☆☆☆	CHECK1	CHECK2	CHECK3

座標平面上で，放物線 $y=x^2$ を C とする。曲線 C 上の点 $\mathbf{P}$ の x 座標を a とする。点 $\mathbf{P}$ における C の接線 l の方程式は $y=\boxed{\text{アイ}}\,x-a^{\boxed{\text{ウ}}}$ である。$a\neq 0$ のとき直線 l が x 軸と交わる点を $\mathbf{Q}$ とすると，$\mathbf{Q}$ の座標は $\left(\dfrac{\boxed{\text{エ}}}{\boxed{\text{オ}}},\ \boxed{\text{カ}}\right)$ である。

$a>0$ のとき，曲線 C と直線 l および x 軸で囲まれた図形の面積を S とすると $S=\dfrac{a^{\boxed{\text{キ}}}}{\boxed{\text{クケ}}}$ である。

$a<2$ のとき，曲線 C と直線 l および直線 $x=2$ で囲まれた図形の面積を T とすると

$$T=-\frac{a^3}{\boxed{\text{コ}}}+\boxed{\text{サ}}\,a^2-\boxed{\text{シ}}\,a+\frac{\boxed{\text{ス}}}{\boxed{\text{セ}}}$$ である。

$a=0$ のときは $S=0$，$a=2$ のときは $T=0$ であるとして，$0\leqq a\leqq 2$ に対して $U=S+T$ とおく。

a がこの範囲を動くとき，U は $a=\boxed{\text{ソ}}$ で最大値 $\dfrac{\boxed{\text{タ}}}{\boxed{\text{チ}}}$ をとり，

$a=\dfrac{\boxed{\text{ツ}}}{\boxed{\text{テ}}}$ で最小値 $\dfrac{\boxed{\text{ト}}}{\boxed{\text{ナニ}}}$ をとる。

ヒント！ 接線の方程式，面積計算，そして 3 次関数の最大・最小が組み合わされた問題なんだね。問題文が誘導形式になっているので，流れに乗ってスムーズに解いていくことがポイントになる。S の計算では，面積公式（放物線と 2 接線とで囲まれる図形の面積）を利用すると少し時間を節約できると思う。頑張ろう！

解答＆解説

放物線 $C：y=f(x)=x^2$ ……①とおく。

まず，①を x で微分しよう。

$f'(x)=2x$

よって，曲線 $C：y=f(x)$ 上の点 $\mathrm{P}(a,\ \underbrace{f(a)}_{a^2})$

における C の接線 l の方程式は，

$y=2a(x-a)+a^2$　より，

$[y=f'(a)(x-a)+f(a)]$

$l：y=2ax-a^2$ ……②となる。………(答)(アイ，ウ)

$a\neq0$ のとき，接線 l と x 軸との交点 Q の x 座標は，$y=0$ を②に代入すれば求まるね。

（x 軸のこと）

$0=2ax-a^2$　　$2ax=a^2$

両辺を $2a(\neq0)$ で割って，$x=\dfrac{a}{2}$

よって，点 Q の座標は $\mathrm{Q}\left(\dfrac{a}{2},\ 0\right)$ である。

……………(答)(エ，オ，カ)

(ⅰ) $0<a$ のとき，曲線 C と接線 l と x 軸とで囲まれる図形の面積 S は，放物線と 2 接線とで囲まれる図形の面積公式を用いると，

$S=\dfrac{a^3}{12}$ ……③……………………(答)(キ，クケ)

となるんだね。

ココがポイント

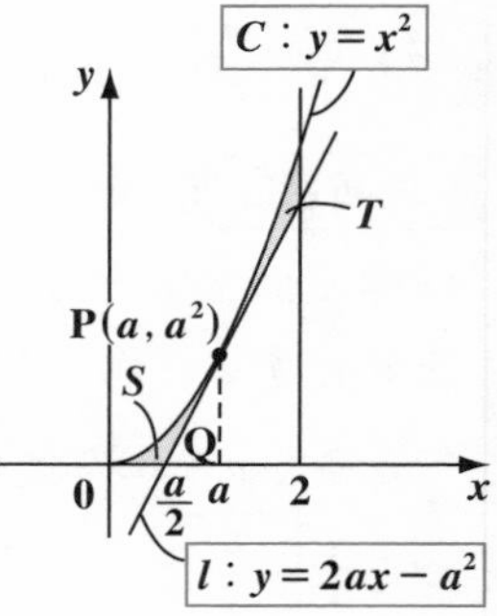

⇦点 Q の y 座標は 0 だね。

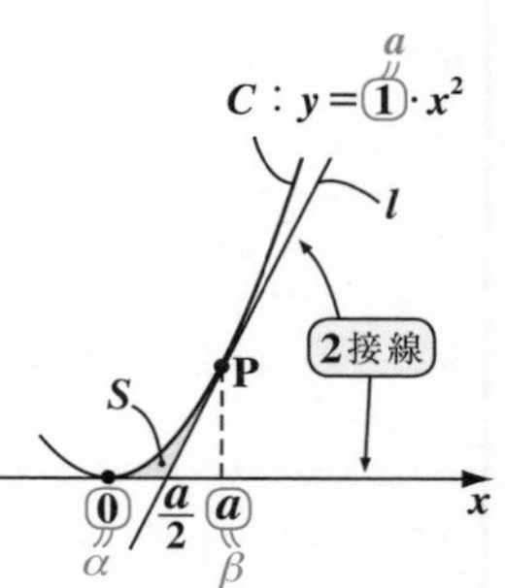

$S=\dfrac{|1|}{12}(a-0)^3$

$\left[S=\dfrac{|a|}{12}(\beta-\alpha)^3\right]$

$=\dfrac{1}{12}a^3$

Babaのレクチャー

面積 S を，次のような積分計算により求めても，もちろんいいよ。

$$S=\int_0^a f(x)\,dx-\frac{1}{2}\cdot\frac{a}{2}\cdot a^2$$

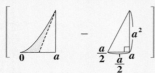

$C：y=f(x)=x^2$　$P(a,\ f(a))$　$f(a)=a^2$　l

$$=\int_0^a x^2\,dx-\frac{a^3}{4}=\left[\frac{1}{3}x^3\right]_0^a-\frac{a^3}{4}=\frac{a^3}{3}-\frac{a^3}{4}=\frac{4-3}{12}a^3=\frac{a^3}{12}$$

これでも，それ程時間はかからないと思う。もちろん，面積公式が使えることに気付けば，即実行しよう。その分，時間をセーブできるからね。

(ii) $a<2$ のとき，曲線 C と接線 l と直線 $x=2$ とで囲まれる図形の面積 T は，

$$T=\int_a^2 \{\underbrace{f(x)}_{\text{上側}}-(\underbrace{2ax-a^2}_{\text{下側}})\}\,dx$$

$$=\int_a^2 (x^2-2ax+a^2)\,dx$$

$$=\left[\frac{1}{3}x^3-ax^2+a^2x\right]_a^2$$

$$=\frac{8}{3}-4a+2a^2-\left(\frac{1}{3}a^3-\cancel{a^3}+\cancel{a^3}\right)$$

$$=-\frac{a^3}{3}+2a^2-4a+\frac{8}{3}$$ ……④……………（答）
（コ，サ，シ，ス，セ）

ここで，$0\leqq a\leqq 2$ のとき，

$U=g(a)=S+T$ ……⑤とおく。

（ただし，$a=0$ のとき $S=0$，$a=2$ のとき $T=0$ とする。）

$C：y=x^2$（上側）　$x=2$　T　P　$l：y=2ax-a^2$（下側）

⇦ $T=\int_a^2 (x^2-2ax+a^2)\,dx$
$=\int_a^2 (x-a)^2\,dx$
$=\left[\frac{1}{3}(x-a)^3\right]_a^2$
$=\frac{1}{3}(2-a)^3$

と計算しても，もちろんいい。これは，数学Ⅲの知識だけれどね。

ここで，⑤に③，④を代入すると，

$$U=g(a)=\underbrace{\frac{a^3}{12}}_{S}\underbrace{-\frac{a^3}{3}+2a^2-4a+\frac{8}{3}}_{T}$$

$$=-\frac{1}{4}a^3+2a^2-4a+\frac{8}{3}$$ となる。 $(0\leqq a\leqq 2)$

$$\frac{1}{12}-\frac{1}{3}=\frac{1-4}{12}=-\frac{3}{12}=-\frac{1}{4}$$

⇦ $S=\dfrac{a^3}{12}$ ……③

$T=-\dfrac{a^3}{3}+2a^2-4a+\dfrac{8}{3}$ ……④

$U=g(a)=S+T$ ……⑤

$g(a)$ を a で微分して，

$$g'(a)=-\frac{3}{4}a^2+4a-4$$

$$=-\frac{1}{4}(3a^2-16a+16)$$

3 ╳ −4
1 ╳ −4

$$=-\frac{1}{4}(3a-4)(a-4)$$

⇦ $U=g(a)$ のグラフのイメージ

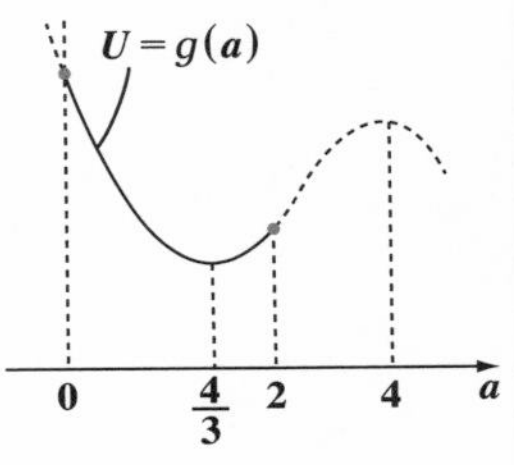

よって，$g'(a)=0$ のとき，$a=\dfrac{4}{3}$，4 となる。

ここで，$0\leqq a\leqq 2$ における，$U=g(a)$ の増減表を作ると右のようになるね。

$U=g(a)$ の増減表

a	0		$\frac{4}{3}$		2
$g'(a)$		−	0	+	
$g(a)$	$\frac{8}{3}$ (最大値)	↘	$\frac{8}{27}$ (最小値（極小値）)	↗	$\frac{2}{3}$

$$\begin{cases} g(0)=\dfrac{8}{3} \leftarrow \text{これが最大値} \\ g(2)=-2+8-8+\dfrac{8}{3}=\dfrac{2}{3} \end{cases}$$

$$g\left(\frac{4}{3}\right)=-\frac{1}{4}\cdot\frac{64}{27}+2\cdot\frac{16}{9}-4\cdot\frac{4}{3}+\frac{8}{3}$$

$$=-\frac{16}{27}+\frac{32}{9}-\frac{8}{3}=\frac{8}{27}$$ ← これが，極小値かつ最小値になる。

⇦ $\dfrac{-16+96-72}{27}=\dfrac{8}{27}$

$\therefore$ U は，$a=0$ で最大値 $\dfrac{8}{3}$ をとり，$a=\dfrac{4}{3}$ で

最小値 $\dfrac{8}{27}$ をとる。……………………………(答)

(ソ，タ，チ，ツ，テ，ト，ナニ)

次の問題も，過去に出題された問題で，微分・積分の融合問題だ。計算量が多くて大変だけれど，反復練習して制限時間内で解けるようになろう！

演習問題 40	制限時間 14 分	難易度	CHECK1	CHECK2	CHECK3

関数 $f(x)$ は，$x \leqq 3$ のとき $f(x)=x$，

$x>3$ のとき $f(x)=-3x+12$ で与えられている。

このとき，$x \geqq 0$ に対して，

関数 $g(x)$ を $g(x)=\int_0^x f(t)dt$ と定める。

(1) $0 \leqq x \leqq 3$ のとき $g(x)=\dfrac{\boxed{ア}}{\boxed{イ}}x^{\boxed{ウ}}$ であり，

$x>3$ のとき $g(x)=-\dfrac{3}{2}x^2+\boxed{エオ}\,x-\boxed{カキ}$ である。

(2) 曲線 $y=g(x)$ を C とする。

C 上の点 $\mathrm{P}(a,\ g(a))$ (ただし，$0<a<3$) における

C の接線 l の傾きは $\boxed{ク}$ であるから，

l の方程式は，$y=\boxed{ク}\,x-\dfrac{\boxed{ケ}}{\boxed{コ}}a^2$ である。

(3) l と x 軸の交点を Q とすると Q の座標は $\left(\dfrac{\boxed{サ}}{\boxed{シ}}a,\ 0\right)$ であり，

l と C の P 以外の交点を R とすると R の座標は

$\left(\boxed{ス}-a,\ \boxed{セ}\,a-\dfrac{\boxed{ソ}}{\boxed{タ}}a^2\right)$ である。

(4) R から x 軸に垂線を引き，x 軸と交わる点を H とするとき，

三角形 QRH の面積 S は $S=\dfrac{\boxed{チ}}{\boxed{ツ}}a^3-\boxed{テ}\,a^2+\boxed{トナ}\,a$ である。

S は $a=\dfrac{\boxed{ニ}}{\boxed{ヌ}}$ のとき最大値をとる。

ヒント！ (i) $x \leqq 3$, (ii) $x > 3$ で，$f(x)$ の関数が異なるので，これを積分した関数 $g(x)$ も，(i) $x \leqq 3$, (ii) $3 < x$ で場合分けして求める必要があるんだね。グラフを描きながら計算すると，問題文の導入の意味も分かると思う。

解答＆解説

ココがポイント

$$f(x) = \begin{cases} x & (x \leqq 3 \text{ のとき}) \\ -3x+12 & (3 < x \text{ のとき}) \end{cases}$$

⇦ 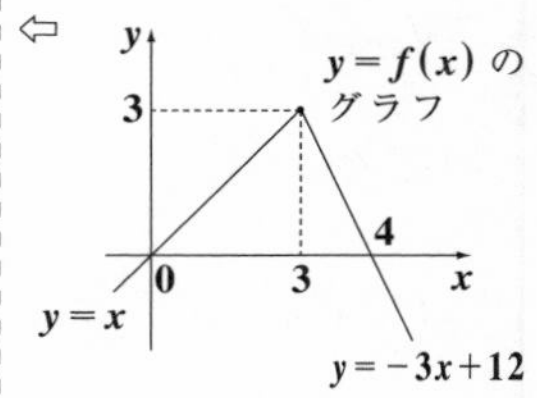

$x \geqq 0$ に対して，$y = g(x) = \int_0^x f(t)dt$ とすると，

(1)(i) $0 \leqq x \leqq 3$ のとき，

$$g(x) = \int_0^x \underset{f(t)}{t}dt = \left[\frac{1}{2}t^2\right]_0^x = \frac{1}{2}x^2$$

………(答)(ア，イ，ウ)

⇦ 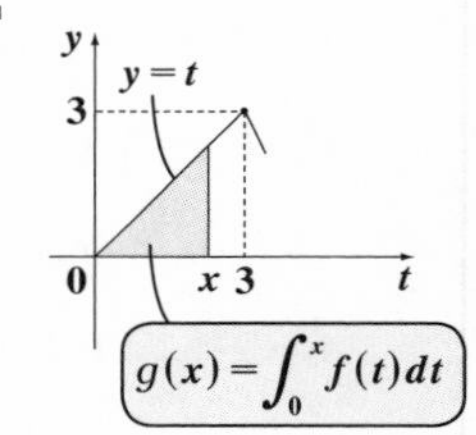

(ii) $3 < x$ のとき，

$x = 3$ を境に $y = f(t)$ が，t から $-3t+12$ に変わるので，

⇦ 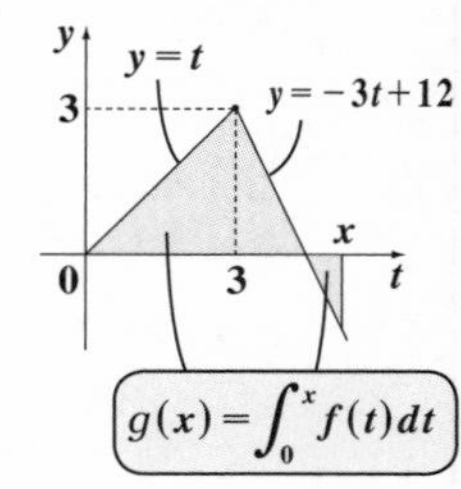

$$g(x) = \int_0^3 tdt + \int_3^x (-3t+12)dt$$

$$= \left[\frac{1}{2}t^2\right]_0^3 + \left[-\frac{3}{2}t^2 + 12t\right]_3^x$$

$$= \frac{9}{2} - \frac{3}{2}x^2 + 12x + \frac{27}{2} - 36$$

$$= -\frac{3}{2}x^2 + 12x - 18$$ …(答)(エオ，カキ)

$g(x) = -\frac{3}{2}(x-4)^2 + 6$ ← 頂点 $(4, 6)$ の上に凸の放物線

$= -\frac{3}{2}(x-2)(x-6)$ ← x 軸と $x = 2, 6$ で交わる

(2) 以上より，

$$y=g(x)=\begin{cases}\dfrac{1}{2}x^2 \cdots\cdots ① & (0 \leqq x \leqq 3 \text{ のとき}) \\ -\dfrac{3}{2}x^2+12x-18 \cdots\cdots ② & (3<x \text{ のとき})\end{cases}$$

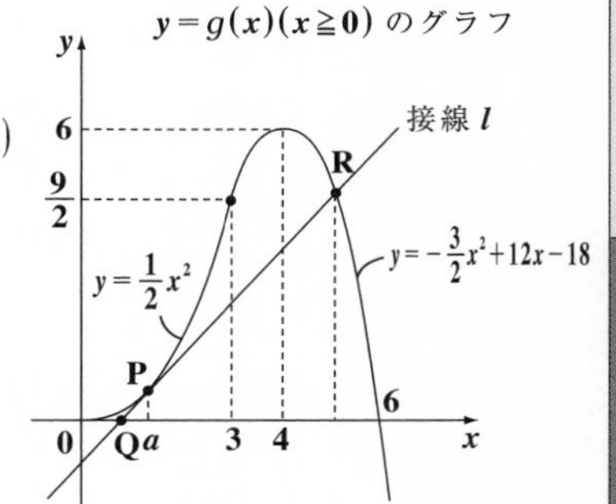

となるので，$y=g(x)$ $(x \geqq 0)$ のグラフ C は右図のようになるね。

$0 \leqq x \leqq 3$ のとき，$g(x)=\frac{1}{2}x^2 \cdots\cdots ①$ より，

$g'(x)=x$ となる。よって，$y=g(x)(0 \leqq x \leqq 3)$ 上の点 $\mathrm{P}(a,\ g(a))$ $(0<a<3)$ における接線 l の傾きは，$g'(a)=a$ となる。………………(答)(ク)

よって，接線 l の方程式は，

$$y=a(x-a)+\frac{1}{2}a^2$$

⇦ 接線 l は，公式 $y=g'(a)\cdot(x-a)+g(a)$ で求めた。

$\therefore\ l : y=ax-\frac{1}{2}a^2 \cdots ③$ となる。…(答)(ク, ケ, コ)

(3) $y=0$ のとき，③より，

$$ax-\frac{1}{2}a^2=0 \qquad \therefore\ x=\frac{a}{2} \text{ より，}$$

l と x 軸の交点 Q は $\mathrm{Q}\left(\frac{1}{2}a,\ 0\right)$ となる。

………(答)(サ, シ)

次，l と $y=g(x)$ $(x>3)$ との交点 R の x 座標は，②，③より y を消去して，

$$ax-\frac{1}{2}a^2=-\frac{3}{2}x^2+12x-18$$

$$3x^2+(2a-24)x-a^2+36=0$$

$$3x^2+(2a-24)x-a^2+36=0$$

$$3x^2+(2a-24)x+(6-a)(6+a)=0$$

$$\begin{array}{lll} 1 & -(6-a) \to & 3a-18 \\ 3 & -(6+a) \to & -a-6 \;(+ \\ \hline & & 2a-24 \end{array}$$

$$\{x-(6-a)\}\{3x-(6+a)\}=0$$

$$\therefore\ x=\frac{6+a}{3},\ 6-a$$

ここで，$\frac{6+a}{3}<3<6-a$ （$\because\ 0<a<3$）より，

⇦ $0<a<3$ より，$\begin{cases} 6-a>3 \\ \frac{6+a}{3}<3 \end{cases}$ だね。

点 **R** の x 座標は，$6-a$ となる。

これを③に代入して，

⇦ $y=ax-\frac{1}{2}a^2$ …③

$$y=a(6-a)-\frac{1}{2}a^2=-\frac{3}{2}a^2+6a$$

∴点 **R** の座標は，$\left(6-a,\ 6a-\frac{3}{2}a^2\right)$ となる。

………(答)(ス, セ, ソ, タ)

(4) 点 **R** から x 軸に下ろした垂線の足を **H** とおくと，$\mathrm{H}(6-a,\ 0)$ となる。

$$\begin{cases} \mathrm{HQ}=6-a-\frac{a}{2}=6-\frac{3}{2}a \\ \mathrm{RH}=6a-\frac{3}{2}a^2 \end{cases}$$ より，

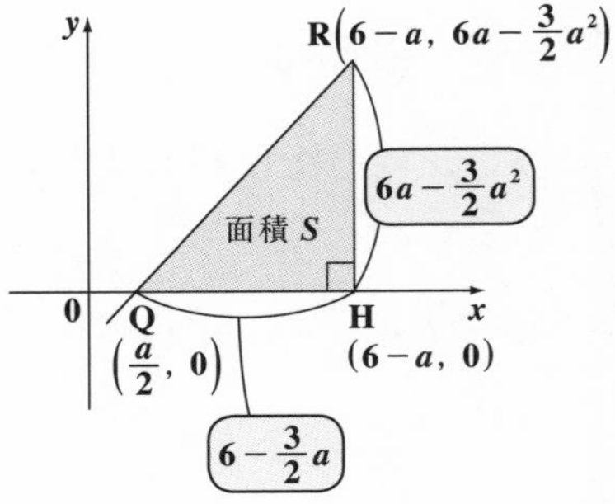

右図から，直角三角形 **QRH** の面積を $S=h(a)$ とおくと，

$S = h(a) = \frac{1}{2}\mathrm{QH}\cdot\mathrm{RH} = \frac{1}{2}\left(6 - \frac{3}{2}a\right)\left(6a - \frac{3}{2}a^2\right)$

$\Leftarrow S = \frac{1}{2}\cdot\left(\frac{3}{2}\right)^2 a(4-a)^2$

$= \frac{9a}{8}(a^2 - 8a + 16)$

$= \frac{9}{8}a^3 - 9a^2 + 18a \quad (0 < a < 3)$ となる。

………(答)(チ，ツ，テ，トナ)

（$\frac{9}{8}$ → ∿ の形の a の 3 次関数）

これを a で微分して，

$h'(a) = \frac{27}{8}a^2 - 18a + 18$

$= \frac{9}{8}(3a^2 - 16a + 16)$

$= \frac{9}{8}(3a - 4)(a - 4)$

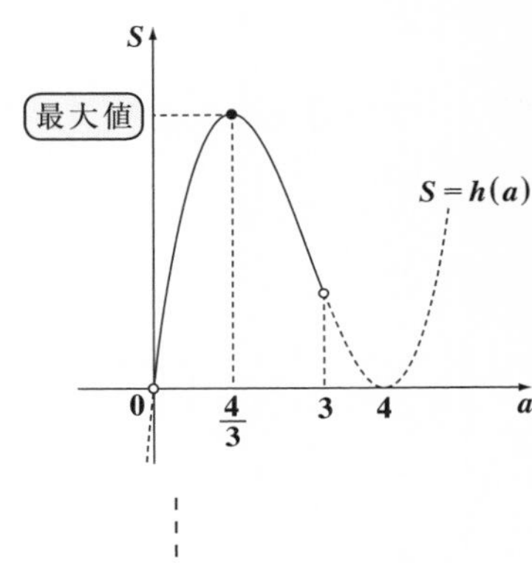

$h'(a) = 0$ のとき，$a = \frac{4}{3}$　$(\because 0 < a < 3)$

よって，右に示す $S = h(a)$ のグラフの概形と増減表から

S は，$a = \frac{4}{3}$ のとき最大となる。

…………(答)(ニ，ヌ)

増減表 $(0 < a < 3)$

a	(0)		$\frac{4}{3}$		(3)
$h'(a)$		$+$	0	$-$	
$h(a)$	(0)	↗	最大	↘	

どう？ やっていることの意味は分かっただろうけれど，因数分解などの計算もかなり複雑で，ななかな制限時間内に解くのは難しいと思う。でも，このような面倒な問題でシッカリ練習しておくと，計算力は飛躍的に強くなるんだよ。スラスラ解けるようになるまで，繰り返し練習しよう！

次も，微分・積分の融合問題で，過去問だよ。放物線と円とが外接する条件を求める問題で，かなりレベルの高い問題だ。

演習問題 41	制限時間 16 分	難易度 ★★★	CHECK 1	CHECK 2	CHECK 3

座標平面において，点 $(a,\ 1)$ を中心とし，x 軸に接する円を C_1 とする。

また，放物線 $y=\frac{1}{2}x^2$ を C_2 とし，C_2 上に点 $\mathrm{P}\left(b,\ \frac{1}{2}b^2\right)$ をとる。

ただし，$a>0$，$b>0$ とする。

(1) C_1 の方程式は $(x-\boxed{ア})^2+(y-\boxed{イ})^2=\boxed{ウ}$ である。

(2) P における C_2 の接線 l の傾きは $\boxed{エ}$ である。

したがって，l の方程式は $y=\boxed{エ}x-\frac{\boxed{オ}}{\boxed{カ}}b^{\boxed{キ}}$ である。

また，P を通り，l に直交する直線 m の方程式は

$$y=\frac{\boxed{クケ}}{\boxed{コ}}x+\frac{\boxed{サ}}{\boxed{シ}}b^{\boxed{ス}}+\boxed{セ}$$ である。

(3) C_1 の中心が m 上にあるとする。

このとき $a=\frac{\boxed{ソ}}{\boxed{タ}}b^{\boxed{チ}}$ が成り立つ。

さらに，C_1 が P を通るとき，$b=\sqrt{\boxed{ツ}}$，

$a=\frac{\boxed{テ}\sqrt{\boxed{ト}}}{2}$ である。

このとき，C_1 は P において l に接し，l と x 軸のなす角は $\boxed{ナニ}°$ である。また，2 直線 $x=0$，$x=a$ の間にあって，C_1 と C_2 と x 軸の三つで囲まれた部分の面積は

$\frac{\boxed{ヌ}\sqrt{\boxed{ネ}}}{\boxed{ノ}}-\frac{\pi}{\boxed{ハ}}$ である。

ヒント！ 円 C_1 と放物線 C_2 が外接するとき，その接点における放物線 C_2 の法線が円 C_1 の中心を通るんだよ。これが，この問題のポイントだ！ 計算量も多いけれど，頑張って解いてみよう！

解答＆解説

ココがポイント

(1) 円 C_1 の中心を $\mathbf{A}(a,\ 1)\ (a>0)$ とおく。

円 C_1 は x 軸と接するので，半径 1 となる。よって，円 C_1 の方程式は次のようになるね。

$$C_1 : (x-a)^2+(y-1)^2=1 \cdots ① \cdots (答)(ア, イ, ウ)$$

⇦ 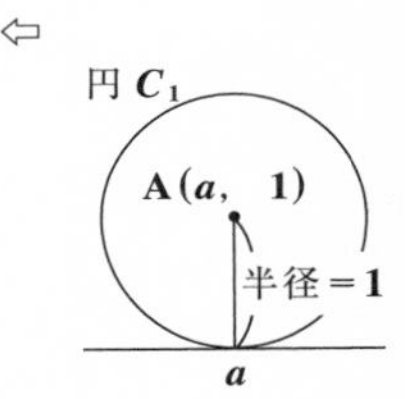

(2) 放物線 $C_2 : y=f(x)=\dfrac{1}{2}x^2$ とおく。

$f'(x)=x$ となる。

よって，$y=f(x)$ 上の点 $\mathbf{P}\left(b,\ \dfrac{1}{2}b^2\right)$ における接線 l の傾きは b となり，その方程式は，（$\dfrac{1}{2}b^2 = f(b)$）

$$y=b(x-b)+\frac{1}{2}b^2$$

$$\therefore\ y=bx-\frac{1}{2}b^2 \text{ となる。} \cdots\cdots\cdots(答)(エ, オ, カ, キ)$$

⇦ 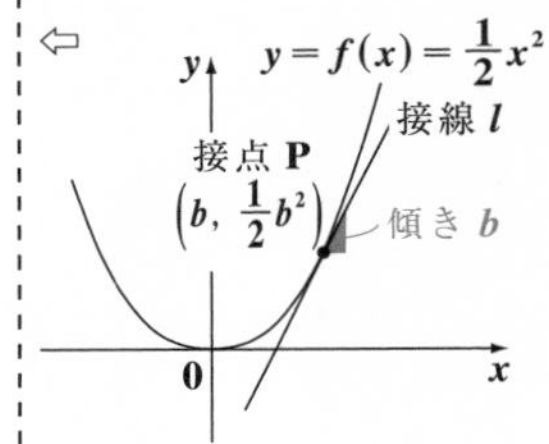

⇦ 接線の公式
$y=f'(b)(x-b)+f(b)$
を使った。

また，P を通る，l と直交する法線 m は，右図より，

点 $\mathbf{P}\left(b,\ \dfrac{1}{2}b^2\right)$ を通り，傾き $-\dfrac{1}{b}$ の直線のことだから，

$$y=-\frac{1}{b}(x-b)+\frac{1}{2}b^2$$

$$\therefore\ m : y=\frac{-1}{b}x+\frac{1}{2}b^2+1 \cdots\cdots ② \cdots\cdots\cdots\cdots\cdots\cdots(答)$$

(クケ, コ, サ, シ, ス, セ)

⇦ 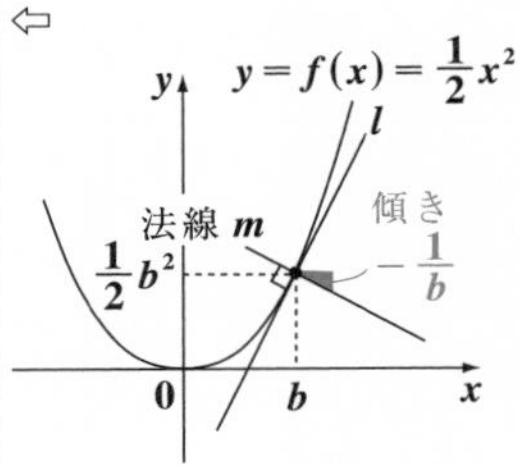

Baba のレクチャー

$\begin{cases} \text{円 } C_1 : (x-a)^2+(y-1)^2=1 \text{ と,} \\ \text{放物線 } C_2 : y=f(x)=\frac{1}{2}x^2 \text{ が,} \end{cases}$

点 $P\left(b,\ \frac{1}{2}b^2\right)$ において，右図のように外接するための条件は，

・点 P における C_2 の法線 m が，円 C_1 の中心 $A(a,\ 1)$ を通り，かつ，

・円 C_1 が，点 $P\left(b,\ \frac{1}{2}b^2\right)$ を通ることであることが分かるね。

(3) C_1 の中心 $A(a,\ 1)$ が，

法線 m : $y=-\frac{1}{b}x+\frac{1}{2}b^2+1$ ……②

上にあるとき，$x=a$，$y=1$ を②に代入して，

$1=-\frac{1}{b}a+\frac{1}{2}b^2+1$，　$\frac{1}{b}a=\frac{1}{2}b^2$

$\therefore\ a=\frac{1}{2}b^3$ ……③……………………(答)(ソ, タ, チ)

さらに，円 C_1 : $(x-a)^2+(y-1)^2=1$ ……①が

点 $P\left(b,\ \frac{1}{2}b^2\right)$ を通るとき，

$(b-a)^2+\left(\frac{1}{2}b^2-1\right)^2=1$

$\frac{1}{2}b^3$ (③より)

これに③を代入すると，

$$\left(b-\frac{1}{2}b^3\right)^2+\left(\frac{1}{2}b^2-1\right)^2=1$$

$$(2b-b^3)^2+(b^2-2)^2=4$$

$$4b^2-4b^4+b^6+b^4-4b^2+4=4$$

$$b^6-3b^4=0,\quad b^4\cdot(b^2-3)=0$$

$$b^4\cdot(b+\sqrt{3})(b-\sqrt{3})=0$$

⊕（∵ $b>0$）

ここで，$b>0$ より，$b^4(b+\sqrt{3})$ (>0) で両辺を割って，

$b-\sqrt{3}=0$　　∴ $b=\sqrt{3}$ ……………………………(答)(ツ)

これを③に代入して，

$a=\frac{1}{2}\cdot(\sqrt{3})^3=\frac{3\sqrt{3}}{2}$ ……………………………(答)(テ，ト)

⇦ 両辺に4をかけると，
左辺
$=4\left(b-\frac{1}{2}b^3\right)^2+4\left(\frac{1}{2}b^2-1\right)^2$
$=\left\{2\left(b-\frac{1}{2}b^3\right)\right\}^2+\left\{2\left(\frac{1}{2}b^2-1\right)\right\}^2$
$=(2b-b^3)^2+(b^2-2)^2$
だね。

このとき，$A\left(\frac{3\sqrt{3}}{2},\ 1\right)$，$P\left(\sqrt{3},\ \frac{3}{2}\right)$
（a）（b）（$\frac{1}{2}b^2$）

となる，円 C_1 と放物線 C_2 は，右図のように点 P で接することになるんだね。接線 l の傾きは $b=\sqrt{3}$ より，l と x 軸のなす角は 60° となる。…………(答)(ナニ)

最後に，円 C_1 と放物線 C_2 と x 軸とで囲まれる図形の面積を S とおいて，この S を求めることにしよう。

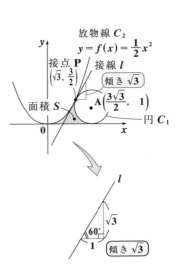

2点 $\mathrm{P}\left(\sqrt{3},\ \dfrac{3}{2}\right)$, $\mathrm{A}\left(\dfrac{3\sqrt{3}}{2},\ 1\right)$ から x 軸に下ろした垂線の足を，それぞれ $\mathrm{Q}(\sqrt{3},\ 0)$, $\mathrm{R}\left(\dfrac{3\sqrt{3}}{2},\ 0\right)$ とおくことにする。

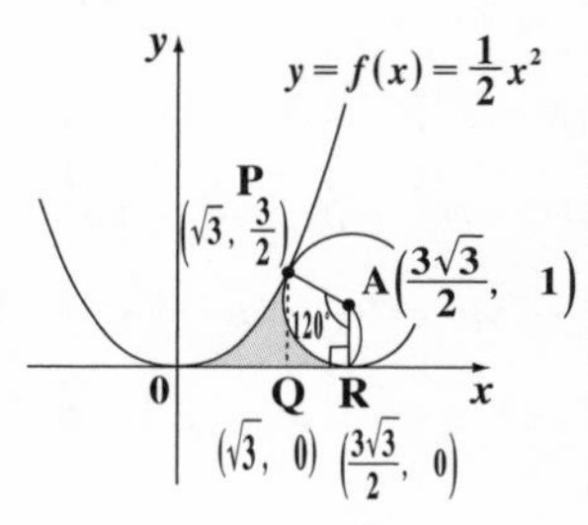

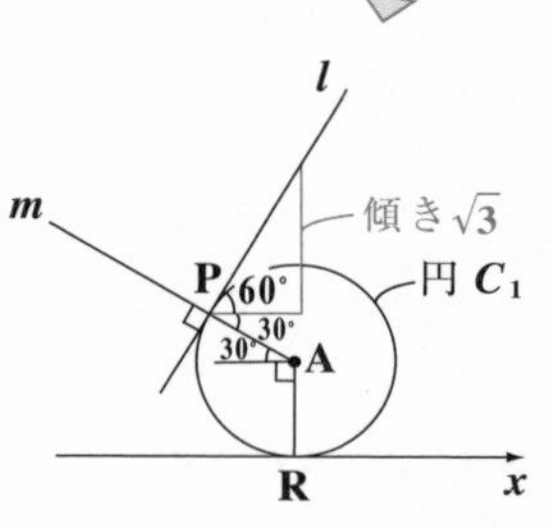

右図より，求める図形の面積 S は，台形 PQRA と扇形 APR の面積をそれぞれ T_1, T_2 とおくと，

$$S=\int_0^{\sqrt{3}}\frac{1}{2}x^2dx \quad + \quad T_1 \quad - \quad T_2$$

QR $=\dfrac{3\sqrt{3}}{2}-\sqrt{3}=\dfrac{\sqrt{3}}{2}$ （高さ）
AR $=1$ （上底）
PQ $=\dfrac{3}{2}$ （下底）

$$=\frac{1}{6}\left[x^3\right]_0^{\sqrt{3}}+\frac{1}{2}\cdot\left(1+\frac{3}{2}\right)\cdot\frac{\sqrt{3}}{2}-\pi\cdot1^2\times\frac{1}{3}$$

$\left(\dfrac{1}{3}=\dfrac{120°}{360°}\right)$

$\dfrac{3\sqrt{3}}{6}=\dfrac{\sqrt{3}}{2}$　　$\dfrac{\sqrt{3}}{8}(2+3)=\dfrac{5\sqrt{3}}{8}$

⇦ T_2 は，扇形の面積の公式より，
$T_2=\dfrac{1}{2}\cdot1^2\cdot\dfrac{2}{3}\pi=\dfrac{\pi}{3}$
と求めてもいい。

$$=\frac{\sqrt{3}}{2}+\frac{5\sqrt{3}}{8}-\frac{\pi}{3}$$

$$=\frac{9\sqrt{3}}{8}-\frac{\pi}{3}$$ ……………………………(答)(ヌ, ネ, ノ, ハ)

最後の図形の面積を求めるのが，かなり大変だったと思うけど，図形的なセンスを磨くのに，良い問題だったと思う。だから，よ～く反復練習しておくといいよ。

この問題は，過去に出題された問題だったんだけれど，実際に試験場でこんな問題に出会ったときの対処法についても話しておこう。

共通テストというのは時間勝負の試験だから，今回の最後の図形の面積のような，計算に時間がかかりそうな問題に直面した場合，まずそのような問題は置いておいて，解きやすい問題，時間をかけずにすぐ結果が出せるような問題を先に解いておくことを勧める。

共通テストの場合，各設問の初めの方の問題は大体易しいものが多いので，これらを先に迅速に，そして確実にポイント・ゲットしておくんだよ。そして，余った時間で，解き残した手ゴワイ問題を順次解いていけばいいんだね。

60 分しか時間がないので，難問で時間を消耗するわけにはいかないからなんだね。だから，共通テストでの心得として，

「易しい問題から先に解いて行き，難問は後でできるだけ解く！」

このことをシッカリ肝に銘じておくんだよ。

もちろん，練習の時点では難問でもチャレンジし，必ず反復練習して，解ける問題の幅を広げておくことが重要だよ。でも，模試や本番の試験では「易しい問題から解いていくように」心がけておけば，安定して高得点をキープできるはずだ。これで要領が分かっただろう？

講義5 ● 微分法・積分法　公式エッセンス

1. 接線と法線の方程式

曲線 $y=f(x)$ 上の点 $(t,\ f(t))$ における接線，法線の方程式は，

(Ⅰ) 接線：$y=f'(t)(x-t)+f(t)$

(Ⅱ) 法線：$y=-\dfrac{1}{f'(t)}(x-t)+f(t)$　（ただし，$f'(t)\neq 0$）

2. $f'(x)$ の符号と関数 $f(x)$ の増減

(ⅰ) $f'(x)>0$ のとき，増加　　(ⅱ) $f'(x)<0$ のとき，減少

3. 3次方程式 $f(x)=0$ の実数解の個数

(Ⅰ) $y=f(x)$ が極値をもたない場合，

1実数解

(Ⅱ) $y=f(x)$ が極値をもつ場合，

(ⅰ) 極値×極値 >0 のとき：1実数解

(ⅱ) 極値×極値 $=0$ のとき：2実数解

(ⅲ) 極値×極値 <0 のとき：3実数解

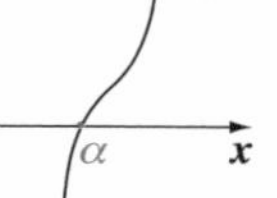

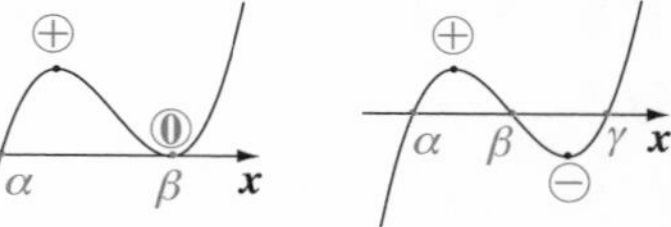

4. 面積の基本公式

区間 $a\leqq x\leqq b$ において，2曲線 $y=f(x)$ と $y=g(x)$ とで挟まれる部分の面積 S は

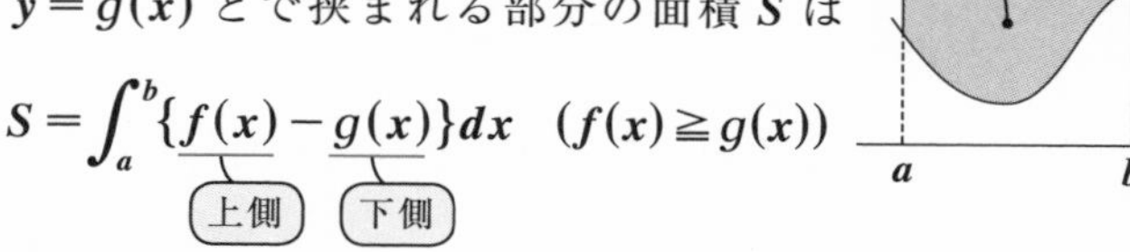

$$S=\int_a^b\{\underbrace{f(x)}_{\text{上側}}-\underbrace{g(x)}_{\text{下側}}\}dx\quad(f(x)\geqq g(x))$$

5. 面積公式

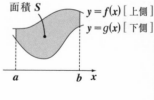

(Ⅰ) 放物線と直線で囲まれる部分の面積：$S_1=\dfrac{|a|}{6}(\beta-\alpha)^3$

(Ⅱ) 放物線と2接線とで囲まれる部分の面積：$S_2=\dfrac{|a|}{12}(\beta-\alpha)^3$

(Ⅲ) 2つの放物線と共通接線で囲まれる部分の面積：$S_3=\dfrac{|a|}{12}(\beta-\alpha)^3$

◆◆◆ Appendix（付録）◆◆◆

ここではまず，三角関数と図形の融合問題を解いてみよう。

補充問題 1	制限時間 7 分	難易度 ★★	CHECK 1	CHECK 2	CHECK 3

右図に示すように，$\angle \mathbf{A}=\dfrac{\pi}{4}$，$\mathbf{AB}=\mathbf{AC}=\mathbf{1}$ の三角形 **ABC** があり，また，辺 **AB** を直径とする半円周上に動点 **P** が存在する。このとき，$\angle \mathbf{PAB}=\theta$ とおくと，$0<\theta<\dfrac{\pi}{\boxed{ア}}$ である。

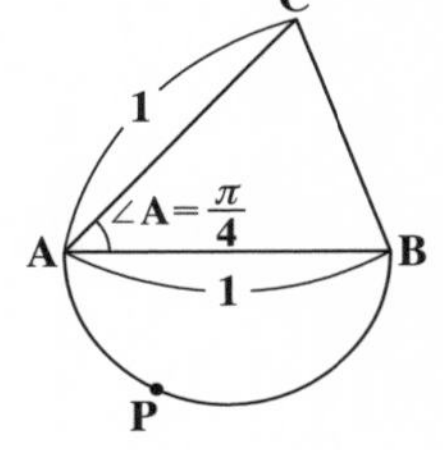

また，三角形 **APC** の面積を S とおくと，

$$S=\frac{1}{\boxed{イ}}\cdot\sin\left(\theta+\frac{\pi}{\boxed{ウ}}\right)\cdot\cos\theta$$

$$=\frac{1}{\boxed{エ}}\left\{\sin\left(\boxed{オ}\,\theta+\frac{\pi}{\boxed{カ}}\right)+\frac{\sqrt{\boxed{キ}}}{2}\right\}\cdots\cdots①$$ となる。$\left(0<\theta<\dfrac{\pi}{\boxed{ア}}\right)$

よって，①より，$\theta=\dfrac{\pi}{\boxed{ク}}$ のとき，S は最大値 $\dfrac{\boxed{ケ}+\sqrt{\boxed{コ}}}{\boxed{サ}}$ をとる。

ヒント！ $\triangle \mathbf{ABP}$ は，$\angle \mathbf{APB}=\dfrac{\pi}{2}$ の直角三角形より，$\mathbf{AP}=\cos\theta$ となることに気付けばいいんだね。

解答＆解説

右図に示すように，$\angle \mathbf{APB}$ は，直径 **AB** に対する円周角より，$\angle \mathbf{APB}=\dfrac{\pi}{2}$ となる。よって，直角三角形 **ABP** について，

$\dfrac{\mathbf{AP}}{\mathbf{AB}}=\cos\theta$ より，$\mathbf{AP}=\cos\theta$ （$\mathbf{AB}=1$）

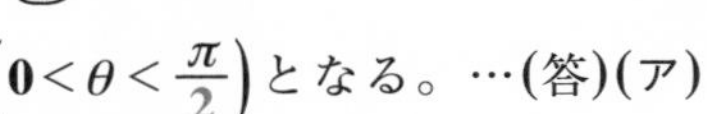

$\left(0<\theta<\dfrac{\pi}{2}\right)$ となる。…(答)(ア)

よって，求める $\triangle \mathbf{APC}$ の面積 S を θ の式で表すと，

ココがポイント

⇦

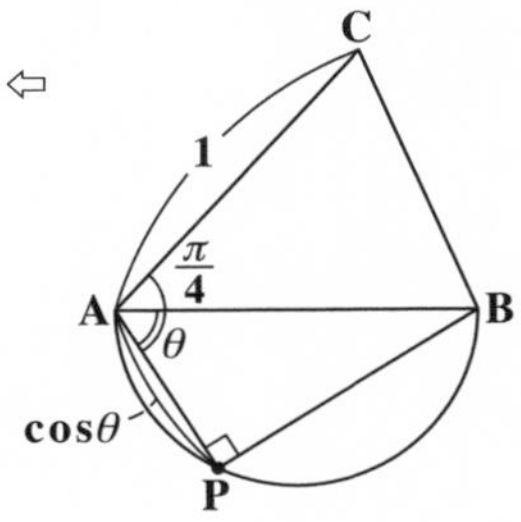

$$S = \frac{1}{2} \cdot 1 \cdot \cos\theta \cdot \sin\left(\theta + \frac{\pi}{4}\right)$$

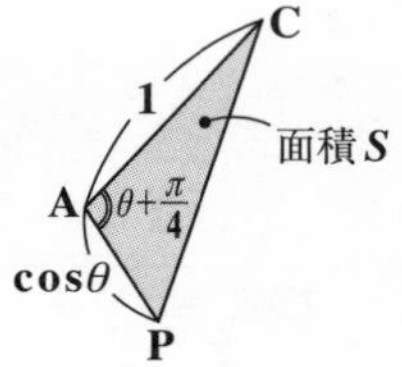

$$= \frac{1}{2}\sin\left(\theta + \frac{\pi}{4}\right)\cdot\cos\theta$$ ……………………(答)(イ，ウ)

($\theta + \frac{\pi}{4}$ を α，θ を β とおくと)

$$= \frac{1}{2} \times \frac{1}{2}\left\{\sin\left(\theta + \frac{\pi}{4} + \theta\right) + \sin\left(\theta + \frac{\pi}{4} - \theta\right)\right\}$$

($\alpha+\beta$，$\alpha-\beta$)

$$= \frac{1}{4}\left\{\sin\left(2\theta + \frac{\pi}{4}\right) + \sin\frac{\pi}{4}\right\}$$

($\sin\frac{\pi}{4} = \frac{\sqrt{2}}{2}$)

$$= \frac{1}{4}\left\{\sin\left(2\theta + \frac{\pi}{4}\right) + \frac{\sqrt{2}}{2}\right\} \quad \cdots\cdots①$$

$\left(0 < \theta < \frac{\pi}{2}\right)$ となる。………………(答)(エ，オ，カ，キ)

よって，$S = \frac{1}{4}\left\{\sin\left(2\theta + \frac{\pi}{4}\right) + \frac{\sqrt{2}}{2}\right\}$ ……① より，

($\frac{1}{4}$：定数，$\sin\left(2\theta + \frac{\pi}{4}\right)$：これが最大のとき S も最大となる。，$\frac{\sqrt{2}}{2}$：定数)

$\frac{\pi}{4} < 2\theta + \frac{\pi}{4} < \frac{5}{4}\pi$ から，$2\theta + \frac{\pi}{4} = \frac{\pi}{2}$，

すなわち，$\theta = \frac{1}{2}\left(\frac{\pi}{2} - \frac{\pi}{4}\right) = \frac{\pi}{8}$ のとき，

S は最大となり，

最大値 $S = \frac{1}{4}\left(1 + \frac{\sqrt{2}}{2}\right) = \frac{2+\sqrt{2}}{8}$ となる。

(1：$\sin\left(2\theta+\frac{\pi}{4}\right)$ の最大値)

………(答)(ク，ケ，コ，サ)

⇦ (図：三角形 APC，AC $= 1$，AP $= \cos\theta$，$\angle$A $= \theta + \frac{\pi}{4}$，面積 S)

⇦ $\sin\alpha \cdot \cos\beta$，
$= \frac{1}{2}\{\sin(\alpha+\beta) + \sin(\alpha-\beta)\}$
(積→和の公式)

⇦ $0 < \theta < \frac{\pi}{2}$ より，
各辺を 2 倍して，
$0 < 2\theta < \pi$
各辺に $\frac{\pi}{4}$ をたして，
$\frac{\pi}{4} < 2\theta + \frac{\pi}{4} < \frac{5}{4}\pi$

● 三角関数の加法定理の証明にチャレンジしよう！

加法定理の公式：$\cos(\alpha+\beta)=\cos\alpha\cos\beta-\sin\alpha\sin\beta$ の証明のやり方は複数存在するんだけれど，ここでは，単位円周上の 2 点間の距離を基に証明してみよう。

補充問題 2	制限時間 5 分	難易度 ☆	CHECK 1	CHECK 2	CHECK 3

xy 平面上に原点を中心とする単位円 C がある。

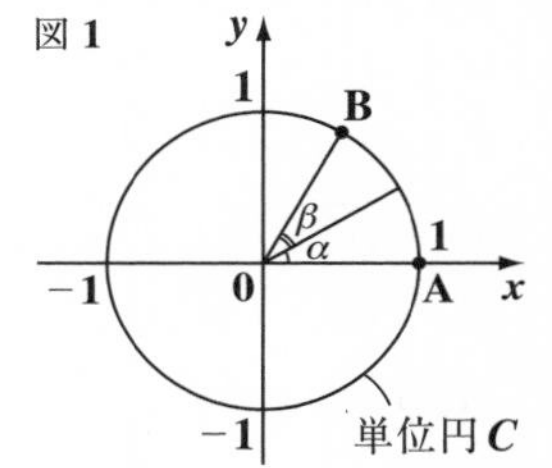

(i) 図 1 に示すように，単位円 C 上に
点 A(ア , 0) と，
点 $B(\cos(\alpha+\beta),\ \sin(\alpha+\beta))$ がある。
このとき，線分 AB の長さの 2 乗は，
$AB^2=\{\cos(\alpha+\beta)-$ ア $\}^2+\sin^2(\alpha+\beta)$
$=$ イ $-$ ウ $\cdot\cos(\alpha+\beta)$ ……①
となる。

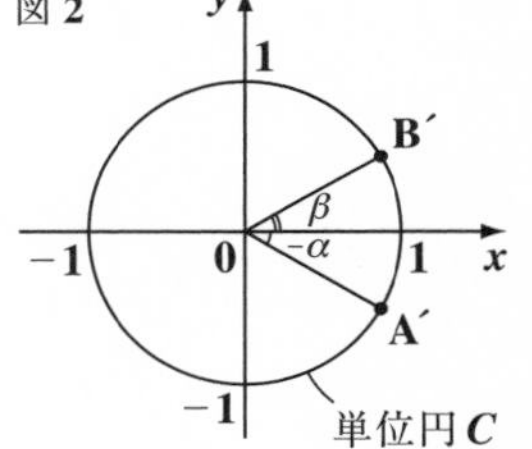

(ii) 図 2 に示すように，単位円 C 上に
点 $A'(\cos(-\alpha),\ \sin(-\alpha))$ と，
点 $B'(\cos\beta,\ \sin\beta)$ がある。このとき，
線分 A´B´ の長さの 2 乗は，

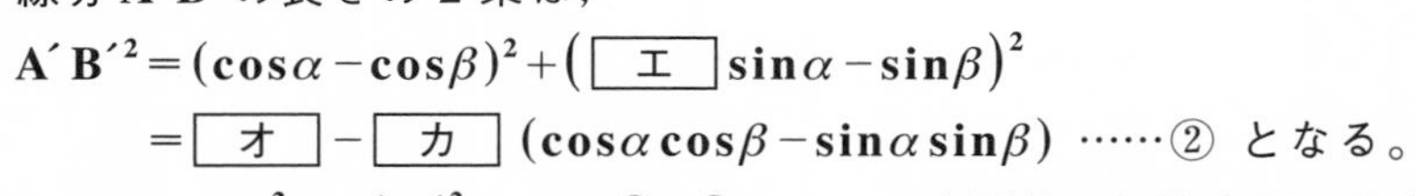

$A'B'^2=(\cos\alpha-\cos\beta)^2+($ エ $\sin\alpha-\sin\beta)^2$
$=$ オ $-$ カ $(\cos\alpha\cos\beta-\sin\alpha\sin\beta)$ ……② となる。

ここで，$AB^2=A'B'^2$ より，①，②から，三角関数の加法定理の公式：
$\cos(\alpha+\beta)=\cos\alpha\cos\beta-\sin\alpha\sin\beta$ ……(*) が導ける。

ヒント！ 図 1 の 2 点 A, B を原点のまわりに $-\alpha$ だけ回転したものが，2 点 A´, B´ であるため，当然 2 つの線分 AB と A´B´ の長さは等しい。これから $AB^2=A'B'^2$ となる。よって，①と②から三角関数の加法定理：$\cos(\alpha+\beta)=\cos\alpha\cos\beta-\sin\alpha\sin\beta$ が導けるんだね。

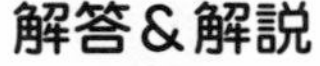

解答＆解説

(i) 図 1 より，2 点 A, B の座標は，
$A(1,\ 0)$, $B(\cos(\alpha+\beta),\ \sin(\alpha+\beta))$ ……(答)(ア)
より，線分 AB の長さの 2 乗は，

ココがポイント

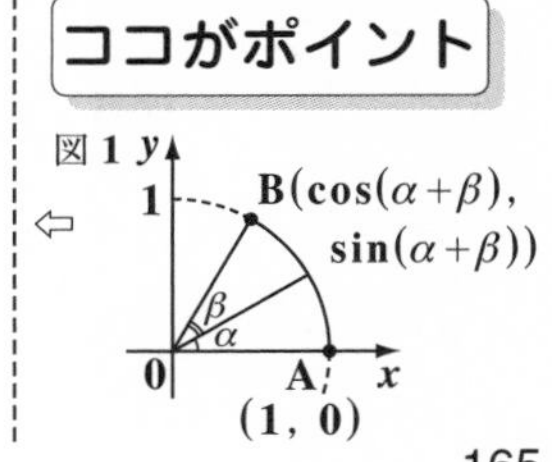

$$\mathbf{AB}^2=\{\cos(\alpha+\beta)-1\}^2+\sin^2(\alpha+\beta)$$
$$=\cos^2(\alpha+\beta)-2\cos(\alpha+\beta)+1+\sin^2(\alpha+\beta)$$
$$=\underbrace{\cos^2(\alpha+\beta)+\sin^2(\alpha+\beta)}_{1}+1-2\cos(\alpha+\beta)$$

⇦ 公式：$\cos^2\theta+\sin^2\theta=1$

$=2-2\cos(\alpha+\beta)$ …① となる。…(答)(イ，ウ)

(ii) 図2より，2点 A′，B′ の座標は，

$A'(\underbrace{\cos(-\alpha)}_{\cos\alpha},\ \underbrace{\sin(-\alpha)}_{-\sin\alpha})=(\cos\alpha,\ -\sin\alpha)$,

⇦ 図2

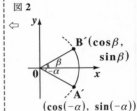

B′$(\cos\beta,\ \sin\beta)$ より，線分 A′B′ の長さの2乗は，

$A'B'^2=(\cos\alpha-\cos\beta)^2+\underbrace{(-\sin\alpha-\sin\beta)^2}_{(\sin\alpha+\sin\beta)^2}$ ………(答)(エ)

⇦ 公式：
$\cos(-\theta)=\cos\theta$,
$\sin(-\theta)=-\sin\theta$

$$=\cos^2\alpha-2\cos\alpha\cos\beta+\cos^2\beta+\sin^2\alpha+2\sin\alpha\sin\beta+\sin^2\beta$$
$$=\underbrace{\cos^2\alpha+\sin^2\alpha}_{1}+\underbrace{\cos^2\beta+\sin^2\beta}_{1}-2(\cos\alpha\cos\beta-\sin\alpha\sin\beta)$$
$$=2-2(\cos\alpha\cos\beta-\sin\alpha\sin\beta)\ \cdots\cdots②$$

となる。…………………………(答)(オ，カ)

以上(i)(ii)から，2点 A′，B′ は，2点 A，B を $-\alpha$ だけ原点のまわりに回転したものより，AB＝A′B′，すなわち $AB^2=A'B'^2$ となる。よって，①，②から，

$\cancel{2}-2\cos(\alpha+\beta)=\cancel{2}-2(\cos\alpha\cos\beta-\sin\alpha\sin\beta)$

$-2\cos(\alpha+\beta)=-2(\cos\alpha\cos\beta-\sin\alpha\sin\beta)$

両辺を -2 で割ると，三角関数の加法定理

$\cos(\alpha+\beta)=\cos\alpha\cos\beta-\sin\alpha\sin\beta$ …(＊) が導かれる。

(＊)の加法定理を基に，α に $\alpha-\frac{\pi}{2}$ を代入すると，$\sin(\alpha+\beta)=\sin\alpha\cos\beta+\cos\alpha\sin\beta$ が導かれ，さらに $\tan(\alpha+\beta)=\frac{\sin(\alpha+\beta)}{\cos(\alpha+\beta)}$ より，$\tan(\alpha+\beta)=\frac{\tan\alpha+\tan\beta}{1-\tan\alpha\tan\beta}$ も導ける。自分で確認してみよう。

● 3倍角の公式と sin18°を求める問題にチャレンジしよう！

3倍角の公式を証明し，この公式を使って，**sin18°**などの値を求めよう。

補充問題 3	制限時間 8 分	難易度	CHECK 1	CHECK 2	CHECK 3

(1) $\cos 3\theta$ は 3 倍角の公式により，次のように $\cos\theta$ のみで表される。

$$\cos 3\theta = \cos(2\theta+\theta) = \cos\boxed{ア}\theta\cdot\cos\theta - \sin\boxed{ア}\theta\cdot\sin\theta$$

$$=(\boxed{イ}\cos^2\theta - \boxed{ウ})\cos\theta - \boxed{エ}\sin^2\theta\cdot\cos\theta$$

∴ 3 倍角の公式：$\cos 3\theta = \boxed{オ}\cos^{\boxed{カ}}\theta - \boxed{キ}\cos\theta$ …(＊) が導ける。

(2) $\theta = 18°$ のとき，次の各問いに答えよ。

(ⅰ) $3\theta = 90° - \boxed{ク}\theta$ より，$\cos 3\theta = \cos(90° - \boxed{ク}\theta)$

これを変形して，$\sin\theta$ の 2 次方程式：

$\boxed{ケ}\sin^2\theta + 2\sin\theta - \boxed{コ} = 0$ が導ける。これを解いて，

$\sin\theta = \dfrac{\sqrt{\boxed{サ}} - \boxed{シ}}{\boxed{ス}}$ である。

(ⅱ) $\cos 2\theta = \dfrac{\sqrt{\boxed{セ}} + \boxed{ソ}}{\boxed{タ}}$ であり，$\cos 4\theta = \dfrac{\sqrt{\boxed{チ}} - \boxed{ツ}}{\boxed{テ}}$

であり，$\sin 3\theta = \dfrac{\sqrt{\boxed{ト}} + \boxed{ナ}}{\boxed{ニ}}$ である。

ヒント！ (1) 3 倍角の公式：$\cos 3\theta = 4\cos^3\theta - 3\cos\theta$ と $\sin 3\theta = 3\sin\theta - 4\sin^3\theta$ は，当然覚えておいた方が良い公式なんだけれど，このように自力で導く練習もしておこう。(2) では $\theta = 18°$ のとき，$5\theta = 90°$ より $3\theta = 90° - 2\theta$ となり，この両面の余弦 (cos) をとって $\cos 3\theta = \cos(90° - 2\theta)$ とする。そして，これを変形して $\sin\theta$ の 2 次方程式を導き，これを解いて $\sin\theta$ の値を求めよう。

解答＆解説

(1) $\cos 3\theta$ を変形して，$\cos\theta$ のみで表すと，

$$\cos 3\theta = \cos(2\theta+\theta) = \underbrace{\cos 2\theta}_{2\cos^2\theta - 1}\cdot\cos\theta - \underbrace{\sin 2\theta}_{2\sin\theta\cos\theta}\cdot\sin\theta$$

(2 倍角の公式) →

$$=(2\cos^2\theta - 1)\cdot\cos\theta - 2\underbrace{\sin^2\theta}_{(1-\cos^2\theta)}\cdot\cos\theta$$ となる。

……(答)(ア，イ，ウ，エ)

ココがポイント

⇦ $\cos(\alpha+\beta)$
$= \cos\alpha\cos\beta - \sin\alpha\sin\beta$

$\cos\theta = c$ とおくと，
⇦ $\cos 3\theta = (2c^2-1)\cdot c - 2(1-c^2)\cdot c$
$= 2c^3 - c - 2c + 2c^3$
$= 4c^3 - 3c$ となる。

これをまとめると，

$\cos 3\theta = 4\cos^3\theta - 3\cos\theta$ ………(＊) が導ける。

………(答)(オ，カ，キ)

(2) (ⅰ) $\theta = 18°$ のとき，$5\theta = 90°$ より，

$3\theta = 90° - 2\theta$ となる。…………………(答)(ク)

よって，方程式 $\underbrace{\cos 3\theta}_{4\cos^3\theta - 3\cos\theta\ ((＊)より)} = \underbrace{\cos(90° - 2\theta)}_{\sin 2\theta = 2\sin\theta\cdot\cos\theta}$ を

変形すると，

$4\cos^3\theta - 3\cos\theta = 2\sin\theta\cdot\cos\theta$ …①となる。

ここで $\cos\theta > 0$ より，①の両辺を $\cos\theta$ で割って，

$4\underbrace{\cos^2\theta}_{(1-\sin^2\theta)} - 3 = 2\sin\theta \quad 4 - 4\sin^2\theta - 3 = 2\sin\theta$

(sinθの2次方程式)

$4\sin^2\theta + 2\sin\theta - 1 = 0$ ……………(答)(ケ，コ)

$\sin\theta > 0$ より，これを解いて，

$\sin\theta = \dfrac{\sqrt{5}-1}{4}$ ……② ………(答)(サ，シ，ス)

(ⅱ) ・$\cos 2\theta = 1 - 2\underbrace{\sin^2\theta}_{\left(\frac{\sqrt{5}-1}{4}\right)^2 (②より)} = 1 - \dfrac{(\sqrt{5}-1)^2}{8}$

$= \dfrac{8-(5-2\sqrt{5}+1)}{8} = \dfrac{\sqrt{5}+1}{4}$

……(答)(セ，ソ，タ)

・$\cos 4\theta = \cos(90° - \theta) = \sin\theta$

$= \dfrac{\sqrt{5}-1}{4}$ ……………(答)(チ，ツ，テ)

・$\sin 3\theta = \sin(90° - 2\theta) = \cos 2\theta$

$= \dfrac{\sqrt{5}+1}{4}$ ……………(答)(ト，ナ，ニ)

⇦ $\cos(90° - \alpha) = +\sin\alpha$
・90°より，cos→sin
・$\alpha = 30°$ と考えると，
$\cos(90° - \alpha)$ は⊕

⇦ $\sin\theta = t$ とおくと，
$4t^2 + 2t - 1 = 0$
$t = \dfrac{-1 \pm \sqrt{1+4}}{4} = \dfrac{-1 \pm \sqrt{5}}{4}$
ここで，$t > 0$ より，
$t = \sin\theta = \dfrac{\sqrt{5}-1}{4}$ となる。

⇦ $\theta = 18°$ より，$5\theta = 90°$
$\therefore 4\theta = 90° - \theta$

⇦ $5\theta = 90°$ より，$3\theta = 90° - 2\theta$

● $\log_2 3$が無理数であることを示してみよう！

次の問題の前半は，「$\log_2 3$ が無理数である。」ことを示す論証問題なんだね。背理法の流れに従って証明してみよう。

補充問題 4	制限時間 10 分	難易度 ☆☆	CHECK 1	CHECK 2	CHECK 3

(1) 命題「$\log_2 3$ は無理数である。」……(＊) を，背理法を用いて証明しよう。

次の［ア］～［カ］に当てはまるものを，下の⓪～⑨の内から **1** つずつ選べ。

$\log_2 3$ が［ア］であると仮定すると，$\log_2 3 > 0$ より，

$\log_2 3 = \dfrac{b}{a}$ ……① (a と b は，［イ］な正の整数) と表される。

①を変形すると，$2^{\boxed{ウ}} = 3^{\boxed{エ}}$ ……② となる。ここで，

②の左辺は［オ］，②の右辺は［カ］となって，矛盾する。

よって，背理法により，(＊) の命題は真である。

⓪ 虚数　① 複素数　② 有理数　③ 奇数　④ 偶数

⑤ 互いに素　⑥ 互いに共役　⑦ a　⑧ b　⑨ $a+2b$

(2) 有理数 c と d が，次式をみたすものとする。

$(4\log_{\sqrt{2}} 3+1)c^3+d^3+\log_2 3=0$ ……③

③を変形して，$(\boxed{キ}c^3+\boxed{ク})\log_2 3+c^3+d^3=0$ ……④ となる。

次の［ケ］～［サ］に当てはまるものを，下の⓪～⑤の内から **1** つずつ選べ。ただし，重複して選んでもよい。

ここで，$\boxed{キ}c^3+\boxed{ク} \neq \boxed{ケ}$ と仮定すると，

$\log_2 3 = -\dfrac{c^3+d^3}{\boxed{キ}c^3+\boxed{ク}}$ となって，

$\log_2 3$ は［コ］となり，(＊) の真の命題に矛盾する。よって，

$\boxed{キ}c^3+\boxed{ク}=\boxed{ケ}$ ……⑤ であり，これを④に代入すると，

$c^3+d^3=\boxed{サ}$ ……⑥ である。

⓪ **0**　① **1**　② **−1**　③ 有理数　④ 無理数　⑤ 偶数

⑤，⑥を解くと，$c=\dfrac{\boxed{シス}}{\boxed{セ}}$，$d=\dfrac{\boxed{ソ}}{\boxed{タ}}$ である。

ヒント！ (1) では，背理法により，$\log_2 3$ が無理数であることを示す。(2) $A\cdot\log_2 3+B=0$ (A, B：有理数) のとき，$A=0$ かつ $B=0$ になることを背理法により示すことができるんだね。

解答＆解説

ココがポイント

(1) 命題「$\log_2 3$ は無理数である。」……($*$) が真であることを背理法により示す。

まず，「$\log_2 3$ が有理数である。」と仮定すると，

∴②………(答)(ア)

$\log_2 3=\dfrac{b}{a}$ ……① (a と b は互いに素な正の整数)

∴⑤………(答)(イ)

と表せる。ここで，①を変形すると，

$2^{\frac{b}{a}}=3$ この両辺を a 乗して，

$2^b=3^a$ ……② となる。

∴⑧………(答)(ウ)，⑦………(答)(エ)

ここで，②の左辺の 2^b は偶数であり，右辺の 3^a は奇数となって，②は矛盾する。

∴④………(答)(オ)，③………(答)(カ)

よって，背理法により，

命題「$\log_2 3$ は無理数である。」…($*$) は真である。

⇦ $\log_2 3$ が有理数であると仮定して，矛盾を導き，$\log_2 3$ が無理数であることを示す。これが，背理法なんだね。

⇦ つまり，$\dfrac{b}{a}$ は既約分数であるということだ。

⇦ 2 を b 回かけたものは偶数であり，3 を a 回かけたものは奇数なので，これらは等しくなることはないんだね。

(2) 有理数 c, d が，次の方程式：

$(4\log_{\sqrt{2}}3+1)\cdot c^3+d^3+\log_2 3=0$ …③ をみたすとき，

$$\frac{\log_2 3}{\log_2\sqrt{2}}=\frac{\log_2 3}{\frac{1}{2}}=2\cdot\log_2 3$$

③を変形すると，

$(8\log_2 3+1)c^3+d^3+\log_2 3=0$

$(8c^3+1)\log_2 3+c^3+d^3=0$ ……④……(答)(キ，ク)

($8c^3+1$：有理数，c^3+d^3：有理数)

ここで，$8c^3+1$ と c^3+d^3 は有理数であり，

⇦ 公式：$\log_a b=\dfrac{\log_c b}{\log_c a}$ を用いて

⇦ c, d は有理数 (整数または分数) より，$8c^3+1$ と c^3+d^3 も有理数となる。

$8c^3+1 \neq 0$ と仮定すると，　　∴⓪………(答)(ケ)

$$\log_2 3 = -\frac{c^3+d^3}{8c^3+1} = -\frac{(有理数)}{(有理数)} = (有理数)$$

となって，

$\log_2 3$ は有理数となり，　　∴③………(答)(コ)

「$\log_2 3$ は無理数である。」……(*) に矛盾する。

よって，背理法により，

$8c^3+1=0$ ……⑤ である。⑤を④に代入すると，

$c^3+d^3=0$ ……⑥ となる。　∴⓪………(答)(サ)

以上より，有理数 c と d は 2 つの方程式

$$\begin{cases} 8c^3+1=0 \quad \cdots\cdots ⑤ \\ c^3+d^3=0 \quad \cdots\cdots ⑥ \end{cases}$$ をみたす。

⑤より，$(2c)^3+1^3=0$

$(2c+1)(4c^2-2c+1)=0$

公式：$\alpha^3+\beta^3=(\alpha+\beta)(\alpha^2-\alpha\beta+\beta^2)$

∴ $2c+1=0$，または $4c^2-2c+1=0$

この判別式を D_1 とおくと，$\frac{D_1}{4}=(-1)^2-4\cdot1=-3<0$
となって，実数解をもたない。

∴ $c=\frac{-1}{2}$ である。…………………(答)(シス，セ)

これを⑥に代入して，$-\frac{1}{8}+d^3=0$

$8d^3-1=0$

$(2d-1)(4d^2+2d+1)=0$

公式：$\alpha^3-\beta^3=(\alpha-\beta)(\alpha^2+\alpha\beta+\beta^2)$

∴ $2d-1=0$，または $4d^2+2d+1=0$

この判別式を D_2 とおくと，$\frac{D_2}{4}=1^2-4\cdot1=-3<0$
となって，実数解をもたない。

∴ $d=\frac{1}{2}$ である。……………………(答)(ソ，タ)

⇦ $8c^3+1=A$ (有理数)，
$c^3+d^3=B$ (有理数)
とおくと，④は，
$A\cdot\log_2 3+B=0$ の形になる。
ここで $A \neq 0$ とすると，
$\log_2 3=-\frac{B}{A}=(有理数)$
となって，「$\log_2 3$ は無理数」に矛盾する。
よって，$A=0$ となるんだね。(背理法)
これを④に代入すると，
$0+B=0$　∴ $B=0$
となる。
これから，2 つの方程式
$A=8c^3+1=0$ と
$B=c^3+d^3=0$ を
解けばいいんだね。

どう？マークシートの問題でも，このような形で証明問題や論証問題が出題できることが分かったでしょう？初めは難しく感じるかも知れないけれど，反復練習して，是非マスターしよう！

◆ Term・Index ◆

た行

な行

は行

ま行

ら行

わ行

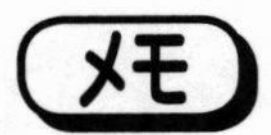
メモ

メモ

2025年度版　快速！解答
共通テスト数学II・B・C
Part 1

著　者　馬場 敬之
発行者　馬場 敬之
発行所　マセマ出版社
〒 332-0023 埼玉県川口市飯塚 3-7-21-502
TEL 048-253-1734　FAX 048-253-1729
Email：info@mathema.jp
https://www.mathema.jp

編　集	清代 芳生
校閲・校正	高杉 豊　馬場 貴史　秋野 麻里子
制作協力	久池井 茂　久池井 努　印藤 治 滝本 隆　野村 烈　町田 朱美 間宮 栄二
カバー作品	馬場 冬之　児玉 篤
本文イラスト	児玉 則子
ロゴデザイン	馬場 利貞
印刷所	中央精版印刷株式会社

令和 2 年 6 月 11 日　初版発行
令和 3 年 6 月 16 日　改訂 1　4 刷
令和 4 年 6 月 17 日　改訂 2　4 刷
令和 5 年 6 月 14 日　2024 年度版　初版発行
令和 6 年 5 月 21 日　2025 年度版　初版発行

ISBN978-4-86615-337-7 C7041